"十四五"时期国家重点出版物出版专项规划项目

新时代高质量发展绿色城乡建设技术丛书

GREEN MUNICIPAL INFRASTRUCTURE TECHNICAL GUIDELINES

绿色市政基础设施技术指南

上册

市政供水/排水/环卫/

土壤/燃气/热力/供电专业

中国建设科技集团　编　著

郑兴灿　主　编

中国建筑工业出版社

新时代高质量发展绿色城乡建设技术丛书

中国建设科技集团 编著

丛书编委会

修 龙｜文 兵｜孙 英｜吕书正｜于 凯｜汤 宏｜徐文龙｜孙铁石
张相红｜樊金龙｜刘志鸿｜张 扬｜宋 源｜赵 旭｜张 毅｜熊衍仁

指导委员会

傅熹年｜李猷嘉｜崔 愷｜吴学敏｜李娥飞｜赵冠谦｜任庆英
郁银泉｜李兴钢｜范 重｜张瑞龙｜李存东｜李颜强｜赵 锂

工作委员会

李 宏｜孙金颖｜陈志萍｜许佳慧
杨 超｜韩 瑞｜王双玲｜焦贝贝｜高 寒

《绿色市政基础设施技术指南》

中国建设科技集团 编著

主 编
郑兴灿

副主编
刘 静｜周国华｜孙永利｜高文学｜朱晓东
王长祥｜王 淮｜张德跃｜万玉生｜张秀华

指导专家
彭永臻｜马 军｜张 悦｜郭理桥｜李 艺｜韩振勇
史海欧｜曹 景｜戴晓虎｜徐海云｜吴凡松｜李颜强｜王 琦

参编人员	供水	熊水应	耿安锋	赫明水	谢仁杰	邵 爽		
	污水	尚 巍	陈 轶	杨 敏	隋克俭	李金国	周 丹	王双玲
	雨水	郭兴芳	刘绪为	申世峰	许 可	段 梦	马晓雨	高晨晨
	水体	王金丽	刘龙志	葛铜岗	黄 鹏	郑华清	李 檬	张 凯
	环卫	郑 苹	马换梅	陈子璇	刘淑玲	翟力新	靳俊平	聂小琴
	土壤	李鹏峰	郑华清	郑 苹	史波芬	吴彬彬		
	燃气	王 艳	户英杰	杨 林	王 启	杜建梅	严荣松	杨明畅
	热力	苗庆伟	贺 璠	臧洪泉	赵惠中	孙枫然		
	供电	户英杰	时 研	郑效文	吕晓津			
	交通	高佳宁	孟维伟	罗瑞琪	孟昭辉			
	道路	张兴宇	温永杰	陈永昊	何 佳	张建军	袁国柱	
	桥梁	马雪平	孙晨然	徐 辉	徐治芹	李会东		
	隧道	郭丽苹	刘治国	吴沛峰	孙晨然	甘 睿		
	轨交	方新涛	吴秀丽	吴彦龙	李亚威	李亚明		
	空间	吕 彦	王芳婷	叶 杨	叶志昊	高聪聪	王 垒	李世晨　柳晓科
	景观	李德巍	杜隆隆	杨 光	李华锋	王国玉	李英华	胡云卿　蒋舒婷
	智慧	李佳钰	朱方君	刘百韬	张 宝	高明宇	王浩正	

序一

　　党中央大力推进生态文明建设，要求贯彻新发展理念，推动绿色发展，促进人与自然和谐共生，作出了"统筹产业结构调整、污染治理、生态保护、应对气候变化，协同推进降碳、减污、扩绿、增长，推进生态优先、节约集约、绿色低碳发展"的总体部署。在新时代大发展的背景下，城乡建设领域的绿色低碳高质量发展成为必然趋势和内在要求。

　　我国城镇化进程取得了举世瞩目的成就。2022年我国城镇化率达到65.22%，预计未来还将新增数亿城镇化人口，城市建设与城乡统筹进入重要的转型期，面临新挑战，也将迎来新机遇。一方面，缓解生态环境、能源资源困境刻不容缓，城市建设不再过度追求规模和速度，而是注重质量、内涵和品质提升，注重经济、社会、环境、资源、能源、生态的全面协调；另一方面，新材料、新设备、新工艺带来工程建设的新革命，互联网、大数据、人工智能带来智慧交通、智慧能源、智慧水务、智慧城市的新模式，必将引发城乡建设与管理的深刻变革。

　　在当前的关键转型期，亟须结合新时代的新要求、新需求，聚焦城乡建设绿色低碳价值导向，总结经验，反思不足，积极探索和实践新道路、新策略。中国建设科技集团作为"落实国家战略的重要践行者、满足人民美好生活需要的重要承载者、中华文化的重要传承者、行业科技创新的重要引领者、行业标准的主要制定者、行业高质量发展的重要推动者"，一直把绿色低碳高质量发展作为重要任务，通过实践和总结，形成了"新时代高质量发展绿色城乡建设技术丛书"，其中包含《绿色市政基础设施技术指南》。

　　本技术指南由中国建设科技集团副总工程师、中国市政工程华北设计研究总院有限公司总工程师郑兴灿博士牵头编写，团队100余人，历时6年，系统深入地开展了市政基础设施全专业领域绿色低碳实施技术体系研究与应用，提出绿色市政基础设施"安全、高效、低碳、生态、智慧"发展理念和功能定位，按照国家绿色发展战略和城乡建设需求，结合规划设计和建设运维实践，突出各类设施尤其是"蓝-绿-灰"设施的共融共享与数字孪生，形成以空间为载体、景观为纽带、智慧为联络的绿色市政基础设施实施技术体系。相信本技术指南的出版，将有助于规范和促进市政基础设施的绿色低碳高质量发展，对市政基础设施的规划设计和建设运行将起到重要的引领和指导作用。

中国工程院院士、美国国家工程院外籍院士

曲久辉

2023年7月28日

序二

　　城市让生活更美好，完善的市政基础设施则是实现这一美好愿望的重要保障。对一个城市而言，市政基础设施是城市正常运行和抵御自然灾害的基础保障，关乎每一个市民的日常生活。随着人们对美好生活环境品质的不断追求，对市政基础设施也相应提出了更便捷、更舒适、更美观等更高的标准要求。设施的发展往往带来能源、资源消耗的增加，全球气候变化和我国"双碳"目标要求我们在提升设施品质的同时还要绿色低碳。党的二十大作出了加快建设网络强国、数字中国的重大部署，开启了我国信息化发展的新征程，数字中国建设成为以信息化推进中国式现代化的重要引擎和有力支撑，也为城市绿色发展赋予了强大的力量。今天，信息化、数字化以及智能化已经深入百姓生活的方方面面，市政基础设施的智能化水平不断提升，绿色建设成为现代市政基础设施的必然选择。

　　市政基础设施遍布城市各个场所，地上地下，在快速城镇化与城乡统筹进程中，功能与寿命不同的各类设施共同承载着社会的供给，其身份信息、健康情况和运行效能亟须通过信息化、数字化的技术手段梳理清楚，保障设施建设运行的安全高效和低碳生态。这就需要获取各类市政基础设施的地理信息并进行数字赋能，协同推进至关重要的降碳、减污、扩绿、增长。绿色低碳高质量发展离不开数字化，这也是不断提升市政基础设施品质的必然选择。

　　市政基础设施是多用途地理信息的重要载体，涉及供水、污水、雨水、水体、环卫、土壤、燃气、供热、供电、交通、道路、桥梁、隧道、轨道交通、空间、景观和智慧等不同领域及专业方向，并与空间数据挖掘、地理系统建模、水文水资源、遥感与地理信息系统等学科息息相关，这些数字化信息的获取与综合应用，有助于全面提升市政基础设施建设运行及资源能源消耗的智慧管控水平。

　　本技术指南提出了绿色市政基础设施发展理念及智慧市政概念，全面揭示了智慧市政建设运行的理念、技术和实践，为读者提供了探索数字化时代下城市基础设施建设与管理的重要指南。智慧市政的核心在于利用数字技术实现市政基础设施的安全高效、节能降耗、智能管控，并通过集成运用地理信息系统、建筑信息模型、物联网、大数据和人工智能等技术，使市政基础设施具备感知、决策和学习等能力，从而实现智能感知、智慧决策和智能化运维管理。

　　相信本技术指南的出版，将有助于规范和促进我国市政基础设施的数字化、绿色化、低碳化高质量发展，对市政基础设施的设计建设和运行管理水平提升将起到重要的引领和指导作用。

中国科学院院士

周成虎

2023年7月28日

前言

　　面对全球气候变化的挑战，党中央作出了"碳达峰""碳中和"的重大战略部署。党的二十大提出推动绿色发展，加快发展方式绿色转型。推动经济社会发展绿色化、低碳化是实现高质量发展的关键环节。城市基础设施是城市生命线和民生福祉的重要保障，其绿色低碳高质量发展，对全面提升设施功能与服务品质，满足人民美好生活需要，增加幸福感和获得感，具有重要意义与实际价值。

　　本书所述绿色市政基础设施，指在全生命周期内，按照安全韧性、高效集约、低碳节能、生态和谐和智慧服务的理念进行规划建设和运维，对资源和能源高效集约利用，人居与生态环境充分保护，促进经济社会与生态环境可持续发展的市政基础设施。总体上按"三横"和"三纵"的体系结构进行呈现，"三横"为市政环境、市政能源、市政交通三大板块，"三纵"为市政空间、市政景观、智慧市政三个维度，以空间为载体、景观为纽带、智慧为联络，融合集成环境、能源、交通等板块的市政基础设施。

　　市政环境板块统筹供水、污水、雨水、水体、环卫和土壤各专业，生态与安全并重，高效与低碳协同，资源与能源循环，智慧与管理融合，明确各类设施功能定位，提出源头-过程-末端-管理全过程、规划-设计-建设-运维-管控全链条的绿色发展路径和技术要点。市政能源板块针对能源消费现实挑战、清洁能源政策驱动，明确市政燃气、供热和供电的不同功能定位，制定基于精细管控和绿色测评的市政能源多方向交叉技术路线，形成涵盖"源-网-储-荷"多领域全过程的技术库。市政交通板块从全生命周期出发，提出精细交通设计、无人驾驶、智慧物流、长寿命路面、装配式桥梁、新型隧道通风照明、轨道交通可再生能源利用等技术路径及方法，形成一般区域平面交叉、核心区域立体交通、地下空间综合利用、一站出行无缝衔接的系统性布局。

　　市政空间统筹各板块，以城市竖向、管线综合、市政设施为表现形式，系统制定绿色技术方法；市政景观协调分析可行实施技术，突出空间协调功能融合、人文美学共建共享、环境和谐链接多元；智慧市政提出打造市政智能体和数字孪生世界，建设细分领域的安全监管、智能巡线、安全评估、应急管理系统。

　　本技术指南由中国建设科技集团组织编写，中国市政工程华北设计研究总院有限公司给予了全力支持，还得到了众多行业专家和业内人士的鼎力支持和帮助，在此表示衷心的感谢。

　　限于编制组的学识水平与实践经验，技术指南中疏漏之处乃至错误之处在所难免，敬请广大读者批评指正，给予反馈，以便后续修正与补充完善。

郑兴灿

2023年5月22日

总目录

目录

GREEN MUNICIPAL INFRASTRUCTURE

G

G1 – G3

绿色市政基础设施

ENVIRONMENT IMPROVEMENT

EI

EI1 – EI3

市政环境发展

WATER SUPPLY

W

W1 – W6

供水系统

SEWER

S

S1 – S6

污水系统

DRAINAGE

D
D1 – D5
雨水系统

RIVER & LAKE

RL
RL1 – RL4
水体系统

ENERGY ALTERNATIVES

EA

EA1 – EA3

市政能源发展

GAS ENGINEERING

GE

GE1 – GE4

燃气工程

HEATING

H

POWER

P

G1-G3

绿色市政基础设施

GREEN MUNICIPAL INFRASTRUCTURE

G1

基本内涵

G1-1

绿色市政基础设施

本技术指南涉及的市政基础设施主要包括市政供水、排水、环卫、土壤、燃气、热力、供电、交通、道路、桥梁、隧道、轨道交通及关联的空间、园林、智慧等方面，是保障城市正常运行和健康发展的生命线和民生工程，其全面开展绿色化、碳减排、碳中和等高质量发展行动，有着重要的战略意义和实际价值。

G1-1-1 市政基础设施

市政基础设施通常指城镇规划建设范围内布设的，基于政府责任和义务，由城市政府授权的事业单位、受委托的地方国有企业、获特许经营权的各类企业建设运营，为居民提供市政公共产品和公共服务的各类构筑物、建筑物、设备系统、软件平台及其综合体等，主要包括市政供水、排水、防洪、环卫、燃气、热力、供电、交通、道路、桥梁、隧道、轨道交通、园林、通信、照明等基础设施，是保障城市正常运行和健康发展的通用物质基础，是实现经济转型的重要支撑，改善民生的重要抓手，防范安全风险的重要保障，还是城乡统筹和一体化发展的关键载体。

2022年7月7日，住房和城乡建设部、国家发展改革委联合印发《"十四五"全国城市基础设施建设规划》，明确提出了："绿色低碳，安全韧性；民生优先，智能高效；科学统筹，补足短板；系统协调，开放共享"的工作原则；"到2035年，全面建成系统完备、高效实用、智能绿色、安全可靠的现代化城市基础设施体系，建设方式基本实现绿色转型，设施整体质量、运行效率和服务管理水平达到国际先进水平"的规划目标；"推进城市基础设施体系化建设，增强城市安全韧性能力；推动城市基础设施共建共享，促进形成区域与城乡协调发展新格局；完善城市生态基础设施体系，推动城市绿色低碳发展；加快新型城市基础设施建设，推进城市智慧化转型发展"等4项重点任务；"城市交通设施体系化与绿色化提升、城市水系统体系化建设、城市能源系统安全保障和绿色化提升、城市环境卫生提升、城市园林绿化提升、城市基础设施智能化建设、城市居住区市政配套基础设施补短板、城市燃气管道等老化更新改造"等8项重大行动。

G1-1-2 绿色低碳理念

习近平总书记在党的二十大报告中明确指出，我们要推进美丽中国建设，坚持山水林田湖草沙一体化保护和系统治理，统筹产业结构调整、污染治理、生态保护、应对气候变化，协同推进降碳、减污、扩绿、增长，推进生态优先、节约集约、绿色低碳发展。我们要加快发展方式绿色转型，实施全面节约战略，发展绿色低碳产业，倡导绿色消费，推动形成绿色低碳的生产方式和生活方式。积极稳妥推进碳达峰碳中和，立足我国能源资源禀赋，坚持先立后破，有计划分步骤实施碳达峰行动。

绿色低碳理念的核心在于，生态环境本身就是一种无可替代的生产力，我们需要在自然和谐共生的前提下进行经济与社会发展活动，通过科技创新，实现资源和能源的高效节约与集约利用，有效控制污染、保护生态环境，促进经济建设与生态环境的协调、全社会的可持续发展。要大力发展和推广绿色低碳新技术，提高绿色低碳技术利用效益，促进经济建设与生态环境的融合发展，强化资源节约和环境保护相协调、经济社会和生态效益相统一，更大力度、更大范围、更深层次地推动绿色发展、低碳发展、循环发展。

G1-1-3 市政基础设施绿色低碳

面对全球气候变化的挑战，党中央作出了碳达峰、碳中和的重大战略部署。工业领域，尤其能源、建材等行业，是碳排放控制的重中之重，而从用户端来看，城镇无疑是最为关键的主体，有相当高的碳排放量占比。城镇要全面推进绿色低碳高质量发展，就需要推动近零碳、零碳城镇的建设与科技示范，需要创建蓝-绿-灰设施共融的城乡战略空间与绿色低碳发展模式。同时还需要创造和保持舒适方便、健康优美、安全韧性的城乡物质空间和生态环境。而对于市政基础设施的绿色低碳来说，跟我们日常生产、生活活动最密切关联的有市政环境、市政能源和市政交通，其中市政环境尤其是最为核心的，其供水系统、排水系统、环卫系统、土壤环境及园林绿化系统直接耦联着社区、建筑和居民。

市政基础设施在抵御各种自然灾害、保障人民群众正常生产生活方面，起着不可或缺的基础保障作用，尤其是市政基础设施中的生命线和民生工程。在这些市政基础设施的建设运行过程中，全面开展绿色化、碳减排、碳中和行动，对于"双碳"目标的实现和基础设施运行设施效能的提升，有着重要的意义和实际价值。

绿色市政基础设施要在全生命周期内，按照安全、高效、低碳、生态、智慧的理念及基本功能定位进行规划、建设和运行维护，不断提高灰色基础设施的弹性韧性与效能效率，持续降低资源与能源的消耗、消除污染物与温室气体的排放，基于市政空间的共享与设施融合，广泛建设绿色与蓝色基础设施，实现景观与生态价值的创造。

G1-2

绿色市政发展理念

本技术指南提出了绿色市政基础设施"安全、高效、低碳、生态、智慧"的发展理念及功能定位，形成相互关联、相互促进、协同发展、优质优量、确保供给的体系。安全必须是第一位的，高效是内在动力与市场竞争力，低碳是责任体现与国家战略，生态是价值与幸福感创造，智慧是必要工具与服务手段。

G1-2-1 安全

任何时候、任何位置、任何条件下，安全都是第一位的。安全是市政基础设施建设与运行的底线，市政基础设施大多数属于生命线工程和民生工程，没有安全保障也就很大程度上失去应有的意义。近几年连续高发的燃气爆炸、严重内涝、下水道气体中毒、水源污染和饮用水停供、路面与桥梁坍塌等事故与灾害，都凸显市政基础设施各系统中安全的至关重要性。我们要全面提升各类市政基础设施的防灾、减灾、抗灾和应急救灾能力，尤其是在极端气候与环境条件下，城市重要基础设施的快速恢复能力、关键部位综合防护能力，系统构建安全韧性城市，保障人民的生命财产安全与稳定的生产、生活设施条件。

G1-2-2 高效

高效是市政基础设施的重要功能要求，是新时代经济社会发展的必然需求，是市政基础设施绿色低碳高质量发展的内在动力。近年来，市政基础设施的效能与效率不断提升，尤其在市政交通网络、智慧设施、5G网络、供电设施、排水设施等方面取得突飞猛进的发展。高效是市政基础设施的生命力所在，对市政基础设施建设与运营企业而言，是其生存发展的核心能力，也意味着市场核心竞争力。高效是市政基础设施相关企业在市场竞争中取得优势的关键要素，更高的效能和效率也是市政行业全方位、全链条、各要素不断创新发展与品质提升的动力源泉。

G1-2-3 低碳

低碳是绿色市政基础设施建设运行的核心目标，是切实践行社会责任与国际责任，实现碳达峰、碳中和目标的最重要支撑。市政基础设施的低碳，要以安全为前提，高效为基础要求，需要注重路径创新与科技引领；要充分发挥全行业的集成创新作用，降低全生命周期的资源消耗与环境负荷，减少各类温室气体排放，采用清洁能源，减少污染，坚定不移走生态优先、绿色低碳的高质量发展之路。市政基础设施的碳达峰、碳中和目标，不仅涉及行业建设者、运行者、管理者，而且与我们每个人息息相关，人人都应该是低碳践行者、推动者，同时也是受益者。例如，每个人努力做到绿色出行、节约用水、垃圾分类、消除浪费等。

G1-2-4 生态

生态是人类赖以生存与发展的基础，是美丽中国、美丽城市、美丽乡村建设的核心内容，更是市政基础设施规划设计与建设运行全过程必须践行的重要理念。健康生境的营造与生态价值的创造是市政基础设施建设运行的关键性组成部分，也是新时代背景下不可或缺的发展要求，为人居环境品质提升和民生福祉提供基础保障。以可持续发展理念为指导，通过理论创新、技术创新、制度创新、产业转型、新能源开发、资源循环利用等手段，尽可能减少对生态环境的扰动与影响，减少对自然生态系统的破坏，提升生态系统多样性、稳定性、持续性，达到经济社会发展与生态环境保护双赢的发展形态。

G1-2-5 智慧

智慧是市政基础设施运行管理的必要工具及技术手段，能够为用户带来优质、便捷、快速的服务与体验，是安全、高效、低碳和生态的有力保障与强力支撑，同时也是各类市政基础设施设计建设与运行维护机构及企业的软实力标志。

智慧要以信息技术为支撑，数字化为基础，提升市政基础设施的功能和服务水平，为人们的生活、工作提供便利。市政基础设施的智慧化服务，涉及日常生产生活的方方面面，从供水、供电、供气、供热、供电、交通、通信，到排水防涝、污水处理、垃圾处理、景观水系，等等，是生命线与民生福祉的重要保障。

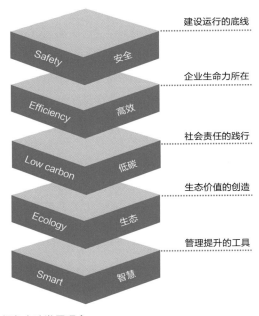

Safety 安全	建设运行的底线
Efficiency 高效	企业生命力所在
Low carbon 低碳	社会责任的践行
Ecology 生态	生态价值的创造
Smart 智慧	管理提升的工具

绿色市政发展理念

G1-3
绿色市政系统构成

各类绿色市政基础设施可归并为市政环境、市政能源、市政交通三个相对独立、互有关联的板块，通过市政空间、市政景观、智慧市政三个维度进行集成与融合，体现灰色设施与蓝绿设施的有机融合，设施功能与效能的共同提升，平面与竖向空间的协同协调，资源与能源的集约利用，景观与生态的美好愉悦。

G1-3-1 绿色市政构成要素

基于安全、高效、低碳、生态和智慧的五大理念及基本功能定位，对于绿色市政基础设施的整体系统构成，各专业方向的基础设施大致可归并为市政环境、市政能源、市政交通三个相对独立、互有关联的板块，并且在市政空间、市政景观、智慧市政三个维度上进行集成与融合。

其中，市政环境包括市政供水系统、排水系统（雨水、污水）、水体系统、环境卫生系统、土壤环境系统等；市政能源包括燃气系统、热力系统、供电系统等；市政交通包括城市交通、市政道路、市政桥梁、轨道交通和城市隧道等。

市政空间包括市政管线、地下设施和城市竖向等方面，市政景观包括附属绿地、防护绿地和滨水绿地等方面，智慧市政则囊括市政基础设施领域均覆盖的数字化、模型化、智能化、服务网络、管控平台、人工智能等方面。

G1-3-2 集成融合

绿色市政基础设施包含的专业类别多，设施种类多，地上、地下空间分布广，景观与生态环境要求高，需要全领域、全过程的智慧化。因此，集成融合成为必然的趋势。

在前述五大理念的引导下，绿色市政基础设施的集成融合着重强调灰色与绿色蓝色设施融合、清洁能源与新能源迭代融合、交通快慢协调融合、地上地下空间融合、设施内外景观协调，设施集约布局与共建共享，智慧建设运行方案的全领域、全过程覆盖。

通过空间、景观和智慧维度的集成与融合，有助于蓝、绿、灰基础设施的有机融合，平面与竖向立体空间的协调，土地与资源的集约利用，功能与效能的共同提升，布局与景观的美化，生态与环境价值的创造，运行维护服务与决策的智慧支撑，从而形成市政空间为载体、市政景观为纽带、智慧市政为联络，市政环境、市政能源、市政交通三个板块为主体的绿色低碳市政基础设施体系。

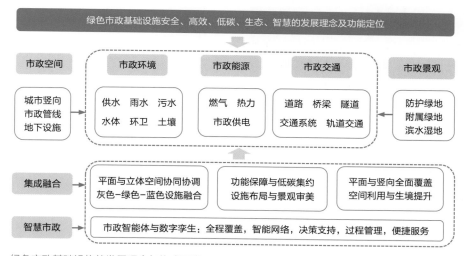

绿色市政基础设施的发展理念与构成要素

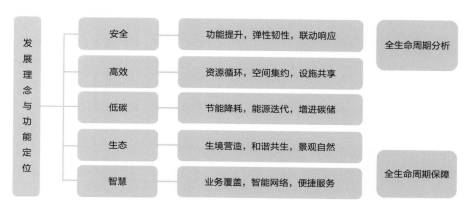

基于绿色市政基础设施发展理念的实施路径及要素

G2

理念阐释

G2-1

安全韧性（安全）

> 市政基础设施（简称市政设施）是城市生命线与民生工程，是城乡统筹的重要载体；安全韧性是其核心属性，需要从功能提升、弹性韧性和联动响应三方面着手，系统提升市政基础设施的供给能力和服务质量，增加弹性韧性，形成多系统联动响应，积极主动应对各种自然灾害和安全风险，保障人民群众生命与财产安全。

G2-1-1 市政设施功能提升

从人民群众实际生活需求出发，针对市政基础设施存在的突出短板与功能不足问题，系统提升市政基础设施的供给能力和服务质量。可以从饮用水多源水量水质保障、排水防涝能力提升、老旧地下管网改造、道路交通功能完善、新能源供给能力扩大、数字化智能化运维等诸多方面入手，全面加强市政基础设施的建设运维，推进设施功能及服务品质提升，完善供水排水、能源供给、快慢交通网络、生态景观、充电服务等基础设施，同时推动各类新型市政基础设施的培育与发展。

G2-1-2 市政设施弹性韧性

在各种安全风险和灾害事件面前，市政基础设施要凭借现代化的技术系统和管理体系，在一定时期内依然能维持其基本功能和秩序的正常运转，并能够根据城市发展和市民需求动态调节管理体制、模式、功能，与城市自然、经济、社会等环境要素相适应，及时抵御和化解各种安全风险和灾害事件，能够在自然灾害事件中快速恢复原来的结构和功能，同时能够从过去市政基础设施建设管理及相关领域的经历中吸取教训、汲取经验，转化为创新举措。

G2-1-3 市政设施联动响应

城市是一个有机整体，牵一发而动全身，市政基础设施作为其中重要的运行保障支持系统，其联动响应显得尤为重要。涵盖市政交通、供水、排水、燃气、热力、环境卫生、园林绿化、通信等诸多系统的市政基础设施的规划建设，要统筹布局、科学管理，系统指导各子系统的有机互联与互动，合理有序安排各类市政基础设施联动响应机制，积极主动应对极端气候变化、各种自然灾害和安全风险，保障人民群众的生命财产安全。

G2-2

高效集约（高效）

> 市政基础设施高效集约重点从资源循环、空间集约和共建共享入手。资源循环利用，可以减少资源能源损失，提高利用效率；空间集约使用，可以减少自然生态空间的占用或者建设用地的消耗，提升土地利用效率；市政基础设施之间，以及与其他设施之间的共建共享，可以显著提升国土空间和资源能源的利用效率。

G2-2-1 市政设施资源循环

如果无节制地使用资源和能源，就容易造成资源和能源的短缺，同时也造成二氧化碳等温室气体的高排放，对我们的生活和生产环境造成不利影响与安全威胁。因此，我们需要对水、物质资源、能源和土地空间进行科学合理的高效利用。借助技术创新和加强管控，最大限度减少资源能源的损失，提高资源能源的利用效率。

例如，通过提高城市水资源涵养与雨水蓄积利用，强化污水再生利用，湿地与景观环境保持，构建城市水资源循环使用机制；推广节水型生活方式与绿化技术，做到资源循环与高效利用，解决环境和城市发展之间的冲突，使市政基础设施建设符合新时代绿色发展理念。

G2-2-2 市政设施空间集约

随着城市化进程不断深化，城镇土地等空间资源显得愈发稀缺，空间集约利用显得尤为重要。针对商业开发用地进行了空间集约方面的大量实践，但针对市政基础设施的用地，在集约利用方面尚未得到足够重视，竖向与平面空间上仍然存在可集约优化之处。在新时代，市政基础设施也要充分考虑空间的集约利用，在满足功能的前提下，尽可能少占地、少占空间，设施布局尽可能集约紧凑，不浪费一寸土地，达到提高土地利用效率，同时节约空间的目的。

G2-2-3 市政设施共建共享

各种市政基础设施，包括市政环境设施、市政能源设施、市政交通设施、市政景观设施、市政地下管线、通信设施等，它们之间要尽可能共建共享，同时市政基础设施也要尽可能与其他设施共建共享，比如商业、住宅、教育、绿化等设施。

在兼顾安全、功能和效率的前提下，市政基础设施共建共享、高效节约用地是实现绿色低碳可持续高质量发展的重要方面，将会给人民群众带来更多的获得感、幸福感。

G2-3
低碳节能（低碳）

低碳发展是实现国家"双碳"目标的要求，也是践行社会与国际责任的要求。低碳发展主要通过技术创新、制度创新、产业转型、新能源开发等多种手段，减少能源资源消耗及温室气体排放，达到经济社会发展与生态环境保护双赢。在产品与服务同量同质前提下，减少能源消耗量，建立光、风、水、绿、土、材的充分循环利用。

G2-3-1 市政设施节能降耗

改革开放以来，伴随着我国经济社会的迅猛发展，各种能源问题逐渐凸显出来。为大力响应国家节能减排计划，"双碳"目标和社会可持续发展要求，国家对加速开发能源、加大能源节约力度的关注越来越大。市政基础设施节能降耗可通过汰旧换新、优化工艺、加强维护、加装节能器、智能监控、经济激励等方式，实现节能减排。只有不断地加大节能减排的投入，降低能源浪费和资源损耗，才能在激烈的市场竞争中求得生存和发展。

G2-3-2 市政设施能源迭代

实现"碳达峰""碳中和"，是以习近平同志为核心的党中央作出的重大战略决策。党中央要求持续落实节约资源和保护环境的基本国策，大力实施低碳发展战略，加速布局太阳能、地热、氢能、风能等新能源，发展新型高端材料，优化能源系统结构，推进市政基础设施建设用能清洁化。市政基础设施是能源的重要消费端和生产供应端，发展新能源、可再生能源等低碳能源，建立高效、清洁、低碳的市政基础设施供能与用能体系是实现城市绿色低碳高质量发展的关键措施。

G2-3-3 市政设施增进碳储

区域土地利用、覆被变化是导致生态系统碳储量变化的主要原因，碳储量变化是表征碳库功能的重要指标。市政基础设施具备增强城市绿化碳汇能力，通过科技创新，提高设施建（构）筑物立体绿化水平，建设生态屋顶、立体花园、垂直绿化等设施，可增大绿化面积、降低建筑能耗、减少城市热岛效应。保护城市天然水系和现有绿地生态系统，促进城市蓝绿空间融合，加强滨水空间绿化，可推动非常规水源湿地利用，减少硬质护砌，形成功能复合、管理协同的市政基础设施。

G2-4

生态和谐（生态）

生态和谐重点是从生物生境营造、与自然和谐共生、景观自然三方面入手，保护和恢复生物栖息地，为生物多样性提供应有的环境；在市政基础设施建设运维过程中贯彻"绿水青山就是金山银山"的理念，注重构建和谐的绿色生态空间格局；从自然景观生态出发，提倡自然共生、人水和谐、景观优美、环境和谐。

G2-4-1 市政设施生境营造

生境营造是市政基础设施生态建设的重要组成部分，也是改善生态环境质量、增加生物多样性、增进民生福祉的基础保障。

动植物生活的自然环境受到人类活动的干扰，栖息地遭到破坏，在市政基础设施建设中，亟须加强自然环境保护，以重点生态功能区、生态保护红线和自然保护地为重点，坚持山水林田湖草沙一体化保护和系统治理，禁止侵占自然水面、生态湿地等生态用地，对于已经破坏的生态用地，要进行生态补偿。

要贯通城乡绿道网络，建设连通区域、城市、社区的城乡绿道体系，串联公园绿地、山体、江海、河湖水系、文化遗产和其他公共空间；结合城市更新，提高中心、老旧城区绿道服务半径覆盖率，完善绿道服务设施，提升城市生态功能。

G2-4-2 市政设施和谐共生

我国传统市政基础设施主要注重其功能实现，对与自然生态和谐共生的重视不足。协同发展意味着城市各系统与自然环境相互影响、相互合作、相互促进。要秉持绿水青山就是金山银山的理念，要坚持打造市政基础设施与自然和谐共生的绿色空间格局，用生态措施解决生态环境问题，构筑市政基础设施功能、生态价值等多重目标的规划、建设和管理一体化的协同发展模式。

G2-4-3 市政设施景观自然

市政基础设施建设时要考虑对自然景观的保护修复，构建自然的景观效果，实现空间的多元融合。市政基础设施在建设过程中往往注重其使用功能，对其景观效果关注不够，在人们对美好生活的需求不断提升的新时代，景观的自然美感得到人们越来越多的关注。因此，市政基础设施的建设要注重设施的灰绿结合，注重景观美感的塑造，注重乔灌草复合结构搭配、高中低等景观层次的营造，需要采用现代化手段，使市政基础设施更好地与自然、环境、生态相融合，形成"绿色市政基础设施"。

G2-5

智慧服务（智慧）

集成运用数字技术，建立虚拟与实体世界联动的数字孪生系统，综合运用大数据、人工智能技术，使市政基础设施具备"生命体"特征，初步具备感知、记忆、分析、决策等能力，以及一定的自学习能力，逐步实现市政基础设施的智能感知、智慧决策等功能，形成"市政智能体"，推动设计建设与运维管理的智慧化。

G2-5-1 市政设施业务覆盖

目前，智慧化已成为各行各业深度融合的必然选择，市政基础设施的全领域业务也需要智慧化，通过建设城市信息模型，简称CIM，搭建行业解决方案，推进市政水务、交通、热力、燃气、桥梁、隧道、管廊、环卫、公园、园林的智慧管理，通过挖掘专业数据价值，拓展专业数据应用深度，创新专业数据应用领域，促进专业场景智慧平台融合，实现产业互联，发展市政基础设施领域的数字经济。

G2-5-2 市政设施智能网络

随着经济社会发展和技术进步，市政基础设施建设运维面临的新问题不断增多。智慧服务理念的出现，对市政基础设施建设运维也提出了更高质量发展的要求。通过应用地理信息、互联网、物联网、5G、北斗、云计算等技术，建设市政基础设施一体化智能网络，可有效提升城市运营效率和综合承载能力，加强城市的安全保障与功能支撑，构筑市政基础设施的一张大"网"，推动各领域基础设施的互联互通。

G2-5-3 市政设施便携服务

通过对市政基础设施的数字化、网络化、智能化的更新与改造，可加快转变市政建设管理方式，整体提升市政建设水平和运行效率，尤其是交通出行、能源服务和水务服务等，为居民提供便捷、人性化的服务，满足居民多样化需求，让城乡变得更宜居、更方便，提升幸福感和获得感。

市政智能体系的构成

G3

绿色发展

G3-1

绿色市政功能定位

就绿色发展而言，市政环境的功能定位是灰色设施与蓝绿设施的有机融合与智能管控；市政能源的功能定位是构建互联互通的市政能源供应网络和多能互补应用体系；市政交通的功能定位是低碳高效的市政交通网络和安全长寿的基础设施有机结合；同时推动各类设施在空间、景观和智慧层面上的融合发展。

G3-1-1 市政环境的功能定位

市政环境的功能定位是灰色设施与蓝绿设施的有机融合与智能管控，供水方面，强调全程保障、安全优质、节水低耗、节能低碳；污水收集与处理方面，强调全量收集、水量恢复、水质复原、节能降耗；雨水方面，突出源头减量、清污分流、调蓄控峰、净化利用；景观水体与水系方面，践行污染控制、安全保障、亲水和谐、景观生态；环卫方面，着重减容减量、资源利用、能源回收、安全处置；土壤环境方面，强化污染控制、安全利用、环境和谐、生境恢复。

G3-1-2 市政能源的功能定位

市政能源的功能定位是构建互联互通的城镇能源供应网络和多能互补应用体系。其中市政燃气的功能定位为清洁低碳基础能源、供应稳定保障能源、安全可靠应用便捷、节约高效互补利用、融合发展智能管控；市政供热的功能定位为清洁低碳多能互补、安全可靠高效输送、室温达标自主调节、智能管控节能降耗。整体体现绿色清洁低碳能源、节能降耗优势能源、多能互补协调应用、智能高效应用可靠的特征。

G3-1-3 市政交通的功能定位

市政交通的功能定位是低碳高效的城市交通网络和安全长寿的基础设施有机结合，具体来说城市交通强调智慧管控、快慢融合、安全高效、绿色舒适、低碳集约；市政道路强调安全耐久、因地制宜、布局合理、能源节约、资源循环；市政桥梁强调安全优质、预制装配、节能低碳、全程管控、景观和谐；市政隧道强调安全耐久、节能低碳、资源节约、环境友好和全程管控；城市轨道交通强调统筹布局、安全运营、减振降噪、节能环保、智慧管理。

G3-1-4 融合发展功能定位

空间融合定位：因地制宜、综合全面、安全韧性、防灾减灾；绿色市政综合管线定位：集约布置、协调环境、规律布局、同步实施、发展预留；绿色城市地下设施定位：空间集约、安全舒适、节材低碳、自然共生、科学管理。

景观协调是要搭建具有多连通、富韧性的市政景观体系与多元、共享的宜居空间。市政景观功能定位为多空间协调与多功能融合、绿色低碳材料再利用与循环低耗景观打造、文化融入与景观共建共享、环境和谐与多元空间链接。

智慧方案面向城市安全、社会治理、惠民服务、生态宜居、产业经济，对接城市大脑，打造安全、韧性、泛在、实时、智能的市政基础设施综合管控系统，全方位提升专业服务能力，提供泛在实时智能管

控，保障城市安全与韧性，强化全场景智慧感知与管控，提供城市精准治理服务，提高城市生活业务办理效率，提升惠民服务水平。

G3-2
市政设施绿色发展

> 强化市政环境基础设施的安全保障、提质增效、功能提升、资源回用、智慧管控；构建清洁低碳、安全高效的市政能源供应和应用体系；建设低污染、低能耗、低占地、高效率、高品质、高效益的出行网络；推动市政基础设施规划设计、建设运维和管理全过程的安全、高效、低碳、生态、智慧发展及技术支撑体系的完善。

G3-2-1 市政环境的绿色高质量发展

围绕市政环境基础设施安全保障、提质增效、功能提升、资源回用、智慧管控等绿色高质量发展需求，遵循源头、过程、末端和管理统筹的思路，以构建"源头到龙头"全流程安全保障的供水系统、减污降碳提效的污水系统、面源污染内涝共治同治的雨水系统、生态安全并重与长效管理的水体系统、源头分类减量与资源能源回用的环卫系统、污染消除与碳汇提升的土壤环境系统为目标，基于设施功能定位，从供水、污水、雨水、河湖水系安全运维与管理保障，以及垃圾回收和土壤修复环境保障与风险防范等方面，构建市政环境基础设施规划、设计、施工和运维管理全过程安全、高效、低碳、生态、智慧发展技术。

同时，从空间角度考虑市政环境设施之间的共建共享和空间集约布设；从景观角度上下统筹功能和景观兼顾；从管线角度考虑各管线间的安全邻避，实现高效传输；从资源能源角度，充分考虑环境设施的节能降耗和资源回用。

G3-2-2 市政能源的绿色高质量发展

通过科技创新，发展和推广市政能源工程新技术，提高能源利用效益，促进经济建设与生态环境协

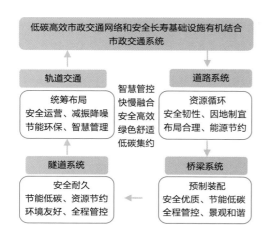

市政交通系统功能定位

调发展，推进能源生产和消费革命，构建清洁低碳、安全高效的市政能源供应和应用体系。逐步实现城镇能源规划、设计、施工、运行等全生命周期的绿色建设、绿色技术应用和智慧管理；注重材料循环利用，加快可再生能源等新型能源的可持续、综合和互补应用，促进能源供应网络的互联互通，实现城镇能源供应的高效能利用。

G3-2-3 市政交通的绿色高质量发展

涵盖从规划到建设实施的全生命周期，秉承着安全、高效、低碳、生态、智慧等五大发展理念，以打造高效便捷的城市交通系统、低碳耐久的市政道路系统、安全低碳的市政桥梁系统、安全耐久的城市隧道系统、快捷通达的轨道交通系统为目标，在规划顶层设计阶段构建"低污染、低能耗、低占地、高效率、高品质、高效益"的三高三低出行网络；针对市政交通基础设施的建设阶段，最大程度减少交通基础设施建设对环境的破坏，实现人、车、路、环境的和谐统一，为人们出行提供高品质的交通设施使用体验。

G3-2-4 市政设施的绿色融合发展

空间融合要本着安全、集约、低碳、生态、智慧的原则，研究市政空间的城市竖向、市政管线、地下设施，达到城市竖向、地下管线、地下设施的空间集成，通过空间优化、设施融合为城市的低碳、弹性、韧性发展提供更成熟的开发空间，实现城市的绿色可持续发展。

景观协调要注重承接上位规划及优化市政基础空间，推动安全有韧性的景观构建；推进绿色低碳材料应用及工程材料循环再利用；构建本土化、人文化及智慧化的景观；链接多元景观空间与缝合周边环境。

智慧融合发展需要打造CIM基础平台，统一标准体系、构建安全体系、布置泛在的感知层、打通全要素数据层、拓展专业的应用层优化系统架构；对接全要素数据源、融合多源异构数据、优化数据治理、构建统一数据库、强化数据感知；通过建设数字孪生系统、搭建运行监控系统、开发业务及安全管理系统、优化能耗管理系统、布置应急管理系统，实现智慧管控。

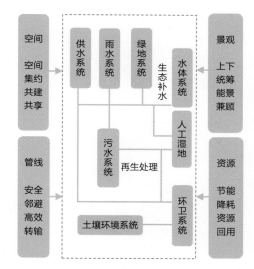

绿色高质量发展：市政环境基础设施为例

EI

EI1–EI3

市政环境发展

ENVIRONMENT IMPROVEMENT

EI1 发展需求	EI1-1	功能提升服务保障
	EI1-2	补齐短板提质增效
	EI1-3	废物回收资源利用
	EI1-4	系统管控服务升级
	EI1-5	安全保障风险防控
	EI1-6	极端气候应急响应
EI2 功能定位	EI2-1	供水安全运维保障
	EI2-2	排水提效安全保障
	EI2-3	雨水管理能力保障
	EI2-4	河湖恢复水源储蓄
	EI2-5	垃圾回收环境保障
	EI2-6	土壤修复风险防范
EI3 技术路径	EI3-1	绿色供水安全节水
	EI3-2	污水降碳增效回用
	EI3-3	雨水控用安全蓄排
	EI3-4	水体重构生态改善
	EI3-5	水土共治生境恢复
	EI3-6	垃圾分类全程智控

EI1

发展需求

EI1-1

功能提升服务保障

> 供水、排水、环卫等市政环境基础设施是人民群众日常生产生活及生态环境的重要载体，应强化设施在安全保障、民生福祉、景观愉悦、环境改善等方面的功能属性；基于循环集约的发展思路，加强设施共建共享，增强整体协调与低碳高效功能；推动设施智能绿色升级，提升服务质量及精细化便捷化水平。

EI1-1-1 以人为本提升服务品质

响应以人为本的城市发展理念，遵循服务品质提升的社会需求，将宜居安居放在首位。基于供水、排水、污水处理、环境卫生、土壤环境（绿地空间）等市政环境基础设施服务公众的功能属性，系统推进以安全智能为核心、绿色低碳为导向的新型市政环境基础设施建设，加强市政环境基础设施的人性化与本地化设计，助力营造人水和谐、自然共生的社会环境，构建安全舒适、景观优美、亲水和谐、绿色低碳的居住环境，不断满足人民群众对美好生活的向往与追求。

市政基础设施服务品质提升重点方向

EI1-1-2 共建共享提升服务功能

适应市政基础设施集约共建、服务功能区域共享的发展理念，打破区域服务与管理的行政界线，构建功能协调、设施共享的市政环境基础设施建设模式与运行维护管理体系；强化市政环境基础设施综合服务的设计理念和基本功能，最大限度发挥市政环境基础设施的综合功能与整体效益，实现土地空间集约利用、资源能源协同利用，促进整体节地节水、节能降耗减排，全面增强市政环境基础设施规划建设与运行管理的系统耦合、功能协同与整体集成。

EI1-1-3 智慧协同提升服务质量

综合运用第五代移动通信、物联网、大数据、云计算、人工智能等信息技术，对市政环境基础设施进行数字化升级改造，建立基于传感器和物联网的智能化运维与管理平台，对市政环境基础设施的运行状况进行监测感知、智能研判、风险预警、应对响应，将市政环境基础设施的运维风险由事后应急转变为事前量化防控和事中精准处置，提升城市及市政环境服务的精细化、精准化程度，确保市政环境基础设施有效发挥安全保障、福祉提升、公共防护等多重功能，切实提升人民群众的生产生活及环境质量。

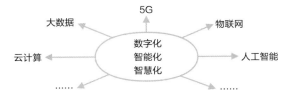

市政环境基础设施智慧赋能的主要技术措施

EI1-2

补齐短板提质增效

应加快补齐市政环境基础设施的短板弱项，全面推进设施提质增效，加强供水安全保障与节水管控、健全污水收集处理与利用、提升生活垃圾分类收运和处理处置能力、强化土壤环境治理与修复；全面加强供排水管线排查诊断、性能评估、性状监控与智能管控，切实提升市政环境基础设施的整体效能。

EI1-2-1 系统排查补齐设施短板

系统排查市政环境基础设施覆盖状况和整体效能，完善市政环境基础设施的规划建设和效能评估体系，推进市政环境基础设施提质增效，科学补足市政环境基础设施短板弱项。系统推进供水系统漏损控制和全过程供水水质水量保障；科学推进污水收集系统运行管控和效能提升；科学布局降雨污染净化设施，实现污染总量减排；系统推进垃圾分类收集转运与处理处置体系建设；系统排查土壤污染风险，推进土壤生态修复。

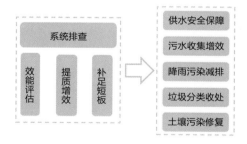

市政环境基础设施系统排查整治重点

EI1-2-2 病害诊断提高设施质量

加强供水管网漏损点位识别修复与薄弱点位诊断修复、污水管网污水外漏和外水入渗点位识别与修复，避免因外漏、入渗导致周边水土流失形成地下空洞，提高污水管网收集转输效能，提升污水处理厂进水浓度和污染物削减效能；强化地下管线地面实际荷载与设计荷载的响应性评价，加强管线的结构安

全性排查与评估，提前感知并有效预防地下管线结构性损伤导致的地面塌陷风险；稳步推进既有地下供水管线、排水管线等"生命线"基础设施的重大病害排查、质量评估与安全隐患评定，科学推进地下管线关键病害节点的修复恢复；强化化粪池、污水管网等的燃爆风险评估，有效规避燃爆及次生风险。

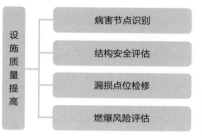

市政环境设施风险识别与质量提升重点

EI1-2-3 科学评估提升系统效能

结合区位特征、功能定位、经济水平、发展导向等外部要素，科学构建覆盖全行业、全过程的市政环境基础设施运行效能诊断评估体系，重点关注其基本功能和运行性能指标控制要求。

市政环境基础设施效能评估指标应涵盖水源地－输水管网－净水厂－配水管网－用水户输配水全过程水质水量保障；排水户－地块排水－污水管网－提升泵站－污水处理厂－接纳水体（用户）的污水收集转输利用全过程，污染物迁移效率与资源化利用生态环境改善效用；雨水径流－地表冲刷－管道输送－排口入河湖的降雨径流全过程水质水量变化；垃圾产生源－收集点－收集车－转运站－转运车－处理处置场所垃圾收集运输全过程精准分类与资源能源回收。以最小的工程成本获取最大的环境和社会效益。

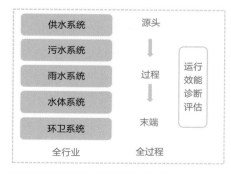

市政环境设施全过程效能诊断与提升框架

EI1-2-4 精准布点助力智能管控

面向行业科学管理的决策需求，强化环境设施全专业、全链条、系统性的精细化管理，推进信息技术在环境设施排查诊断、检测评估、安全评价、运行维护保障等方面的集成应用，系统识别环境设施的薄弱环节，实施环境设施的数字化建设与改造，通过最少的监测点位和设备布局获取最有效的工程运行数据，科学构建环境设施的融合感知与预警研判系统，提升环境设施的运行管理和风险预警水平，解决管理理念、标准、技术措施水平低下、区域差异显著等问题。

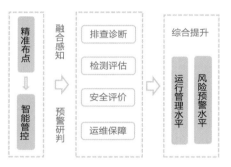

市政环境设施智能管控系统布局与管理流程

EI1-3

废物回收资源利用

推进城乡生活垃圾收集-运输-处理-处置全过程精准分类、识别、监管全覆盖，提升精准分类能力与水平；强化同类型废物的协同处理，实现能量梯级利用和物质循环利用，降低处理处置费用，助力行业低碳减排；加强各环节智能化监管和匹配衔接，形成完整高效的全过程智能监管环卫系统。

EI1-3-1 垃圾分类助力资源回收

贯彻生活垃圾分类收运的国家战略，推进生活垃圾分类收集设施全覆盖。系统有效推进生活垃圾收集、运输、处理全过程分类应对体系建设；助力可回收物的源头回收与高效利用，推进有害垃圾分类收集

与安全处置，助力厨余垃圾的能源回收与土地利用；有效提升生活垃圾处理处置设施效能，推进装修垃圾、大件垃圾、园林垃圾、清扫垃圾等精准分类协同处理，强化能量化过程的梯级利用，助力生活垃圾精准分类，行业低碳减排。

生活垃圾分类要求系统图

EI1-3-2 协同处理提升行业效能

积极推进家庭厨余垃圾、餐厨垃圾、生活污水污泥、河湖底泥、园林废弃物、河湖水生植物等城镇生活废弃物的协同厌氧消化，提高生活废弃物协同处理水平和资源能源回收利用效率；严格限制含重金属、有毒有害物质的工业废水排入城镇污水管网；加强生活废弃物的杂质分选，确保堆肥产品土地利用的生态安全性；积极推进污水资源化回补河湖湿地水系，强化城镇污水处理厂出水的生态安全性和公众接触安全性评估。

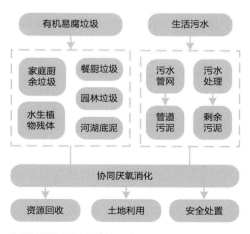

生活垃圾协同处理结构示意

EI1-3-3 收运协同支撑智能监管

积极推进智能环卫系统的研发和建设，通过"互联网+"等模式，促进生活垃圾分类回收系统线上平台与线下物流实体相结合，推进垃圾分类回收与再生资源回收"两网融合"；利用GPS定位系统、GIS管控平台、5G信息技术、在线监测手段、智慧运维预警等智能技术，加强垃圾分类收集、分类运输、资源化利用和终端处理处置等环节的智能化监管运维和匹配衔接，形成统一完整、能力适应、协同高效的环卫系统运行全过程智能监管体系。

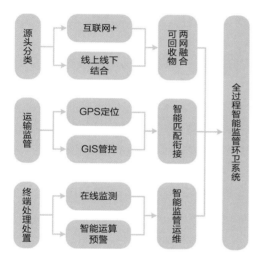

环卫系统运行全过程智能监管体系结构

EI1-4

系统管控服务升级

加强市政环境基础设施的系统管控，从资源能源节约、降耗减损、污染减排、安全保障、风险防控、碳减排等不同层面，通过全过程全链条的智能监管与多专业多部门协同运维、耦合联动，支撑市政环境基础设施及服务品质的系统性升级。

EI1-4-1 精准管控降低供水损耗

科学构建市政供水安全感知系统，加强水源地–输水管道–净水厂–配水管网–用水户输配水全过程的污染风险感知和事故风险管控；强化居民生活用水全时段的水量水压和水质保障，强化供水资源配置与分质供水水质水量保障；加强供水系统漏损控制和净水设施药剂使用管控，加强全社会节水管理，实现供水行业低碳发展。

供水安全感知系统管控重点

EI1-4-2 高效治污助力总量减排

推进雨水、污水、污泥、垃圾的收集处理设施全覆盖，实现污染物全收集、全处理，有效化解城市积水与洪涝灾害；提升污水收集处理效能，强化泥水共治与资源化利用；持续推进海绵城市建设、城市黑臭水体治理与长效保持，强化城镇水体沿线雨水排口污染快速净化设施建设，有效缓解降雨径流污染，提升污染总量削减水平；做好生活垃圾源头分类减排、无害化处理与资源化利用，保障城乡人居环境与公共卫生安全。

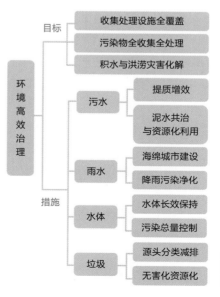

人居环境高效治理与主要措施

EI1-4-3 风险管控保障接触安全

加强化粪池、污水管网等污水收集系统关键节点污水冒溢和有毒有害气体散逸传播风险管控，构建完善的污水收集系统养护管理机制；强化城市居民密集区有毒有害气体和病原微生物传播风险识别，强化排水应急抢险区域的公众接触风险管控；加强城市河湖水系的生态安全保障和公众接触安全评价，强化回补城市景观水体的污水处理厂尾水的生态治理与公众接触安全评估；加强生活区垃圾收运场所的卫生安全防疫，强化生活区积水点位雨后污染防控，降低蚊蝇滋生、微生物增殖及环境恶臭风险。

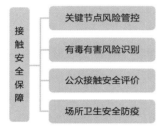

公众接触安全保障的重点方向

EI1-4-4 质量管控保障设施安全

贯彻党中央、国务院关于地下基础设施质量安全管控的总体策略，将安全理念贯穿城市地下基础设施规划、建设、管理全过程各环节。

科学布局城市生命线，统筹地下空间和市政环境基础设施建设，立足于地下市政环境基础设施高效安全运行和空间集约利用，合理部署各类设施的空间和规模。加强设施建设过程材料和施工质量管控，建立完善的市场准入机制及施工管理机制，确保设施建设质量。

全面开展设施普查，强化既有地下市政环境基础设施的运行环境及设计运行参数适应性评估；强化基于实际运行场景的重要设施、重点部位病害诊断与质量评估，摸清既有设施功能属性、位置关系、运行安全状况等信息，掌握设施周边水文、地质等外部环境数据，建立设施危险源及风险隐患管理台账。

加强设施安全管理，消除安全隐患。供水排水部门应及时组织供水排水管网系统、处理设施的养护管理，保证设施及设备的安全、正常运行，及时处理风险隐患，提升设施安全防护等级；环卫部门应做好日常保洁工作，加强作业人员安全教育培训并完善防护措施，规范设置安全标志，加强环卫设施安全管理；结合标准要求，加强对生活垃圾收、运、处设备的日常消毒杀菌。

系统布局地下基础设施风险感知预警系统，全面提高防御灾害和抵御风险能力。搭建供水、排水、环卫等设施感知网络，建设地面塌陷隐患监测感知系统，实现对基础设施的安全监测与预警；充分挖掘数据资源，提高设施运行效率和服务水平，辅助优化设施规划建设管理。

完善市政环境基础设施质量安全管控机制建设。加强组织领导和宣传引导，严格落实市政环境基础设施建设管理中的权属单位主体责任、行业部门监管责任，建立健全责任考核和责任追究制度；加强设施运营养护制度建设，规范设施运营养护工作，并建立完善的设施运营养护资金投入机制；健全设施运营应急抢险制度，安全高效处置突发事件。

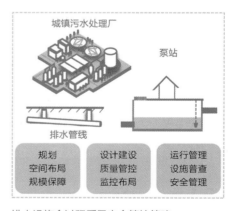

排水设施全过程质量安全管控策略

EI1-4-5 分级监管构建智能环卫

推进城市智能环卫系统研发和建设，通过"互联网+"等模式促进垃圾分类回收系统线上平台与线下物流实体的有效结合，加强垃圾分类收集、运输、资源化利用和终端处置等环节的衔接，形成统一完整、能力适应、协同高效的全过程智能监管系统。

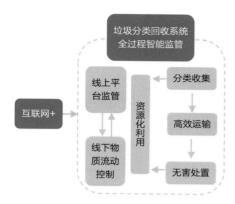

垃圾分类回收系统全过程智能监管路径

EI1-5

安全保障风险防控

筑牢市政环境基础设施安全保障与风险防控体系，规划阶段协调优化设施布局，为安全稳定运行奠定坚实基础；运行阶段，通过智能化手段助力设施系统评估，支撑科学管控与运维决策；管理层面，积极吸纳市政环境设施服务对象参与设施运行的监督管理，提升风险防控能力。

EI1-5-1 协调布局提升整体功效

市政环境基础设施的规划布局应系统整合地上地下空间，强化市政基础设施与城镇空间远景规划的融合，强化市政环境基础设施地上地下功能的协调。系统布局集约使用地下空间，优化布局集约建设市政环境公用设施，实现安全高效、用地节约、系统融合、绿色低碳等多重目标。

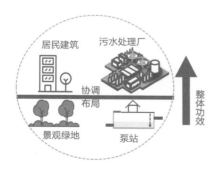

市政环境基础设施—建筑绿地空间协调布局

EI1-5-2 系统评估保障科学管控

树立综合防灾理念，编制城市地下空间综合防灾规划，制定地下空间突发事件应急预案，备齐备足防灾减灾设施设备，试点开展地下空间承载力和风险评价，提升突发事件应急处置能力。开展地下设施安全专项整治，排查整治安全隐患，完善安全管理机制，加强信息化管理手段，提升地下设施风险监测预警能力和应急处置水平。

贯彻发展与安全并重的国家治理理念，立足城市高质量发展新阶段，建立健全地下基础设施公共安全风险智能管控技术体系，科学布局关键监测点位，充分利用现代信息技术，融合智能管理手段，耦合多源数据，分析识别设施风险点位，判定结构及功能缺陷等风险级别。

强化市政环境基础设施的风险诊断与预警预报体系建设，同步建立风险预案，健全预防与保障措施，有效防范化解重大公共安全风险，全面提高城镇安全运行效率和管理水平，不断增强城乡人民群众获得感、幸福感、安全感。

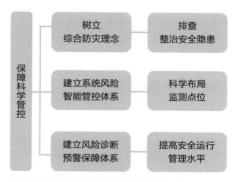

市政环境基础设施安全智能管控策略

EI1-5-3 全民参与筑造保障体系

加强全民参与环境基础设施安全保障机制建设，采取环境保护宣传、手机App在线环境问题举报、问卷调查、公益性参观、社区安全应急演练等多种模式，增强人民群众对环境设施功能的认识，引导城镇居民参与环境设施监管、维护，筑造惠及民生福祉的环境设施安全保障体系。

EI1-6

极端气候应急响应

> 全面加强市政环境基础设施应对极端气候条件的应急响应能力建设，综合采取工程和非工程措施，构建排水防涝通道，强化智能感知、风险研判、预警预报、应急响应、联动调度的应急管理体系建设，增强应急物资和人员储备，防范和化解极端气候对市政环境设施的影响。

EI1-6-1 通道畅通提升排涝能力

强化流域洪水外泄通道建设运维，确保外水"不进城"。系统推进城镇排水排涝通道建设，科学控制河湖水系水位，合理调度排水管网与河湖水系的调蓄排水空间，充分利用河道、湖塘、排洪沟、道路边沟，保障排水系统与外部河湖通道畅通，保证城镇排水有出路。强化城镇排水系统源头调蓄设施建设与运维，保证暴雨先蓄后排。

加快推进城镇排水防涝设施建设，并加强运行管护，建立健全城镇水系、排水管网与周边河湖、水库等"联排联调"运行管理模式。构建源头减排、蓄排结合、排涝除险、超标应急的城镇防洪排涝工程体系，提升洪涝灾害防治能力。

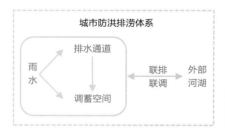

城镇防洪排涝体系的蓄排路径

EI1-6-2 智能管控助力风险应对

构建极端气候城市风险识别与应对综合管理体系，加强与城市管理部门的对接与合作，健全信息互通、资源共享、协调联动的城市极端风险安全指挥管理机制，完善城市洪涝汛情、风暴、火灾、极寒、地震等极端气候的市政环境基础设施运行风险智能研判与应急响应预案，推进风险的计算仿真模拟系统构建，指导城市政府快速修复受损环境基础设施，保障设施正常运行。

EI1-6-3 预案储备提升救灾能力

增强应急物资保障能力，形成完备的救灾物资、生活必需品和能源储备物资供应系统。加强应急救援专业队伍建设，强化抢险应急演练，提升应急响应能力。组建完善专家库，充分发挥专家团队在风险研判、技术服务、应急处置等方面的专业作用。加强宣传教育，开展实战化动员演练，提升全民防灾避险意识和能力。

应急储备系统的主要构成

EI2

功能定位

EI2-1

供水安全运维保障

> 市政供水是民生工程的核心内容；需要构建供水安全多级屏障，建立从"源头到龙头"的全流程饮用水安全保障体系，注重集约低碳和节水低耗的绿色功能，强调供水设施的安全可靠，水质优质，水量水压充足，强化供水设施全过程智慧服务，提升全行业绿色低碳技术水平。

EI2-1-1 全程管控保障安全供水

要全面提升城镇供水安全保障水平，牢固树立饮用水安全保障工作的整体性观念，将风险管控的意识贯穿于饮用水安全保障全过程；建成安全、均等、高效的现代化供水体系，从技术、管理、服务等不同角度建立从源头到龙头的多级屏障风险管控体系及全过程饮用水安全保障体系，确保龙头水水质优良、水量充沛、水压稳定，提升城镇供水服务效率和水平，让城乡人民群众喝上放心水、用上舒心水。

EI2-1-2 漏损控制助力绿色低碳

加强供水管网漏损控制，避免饮用水资源损耗和能源浪费，提升供水行业的绿色低碳发展水平。结合城市更新、老旧小区改造、二次供水设施改造和一户一表改造等实施供水管网改造工程；依据住房和城乡建设部《城镇供水管网分区计量管理工作指南——供水管网漏损管控体系构建》（试行），推动分区计量工程；积极推进供水管网压力调控工程，统筹布局区域集中调蓄加压设施，切实提高调控水平；开展供水管网智能化建设工程；建立从科研、规划、投资、建设到运行、管理、养护的一体化机制，完善供水管网管理制度，提高运行维护管理水平。

供水安全保障体系主体架构

供水管网漏损控制的主要措施

EI2-1-3 智能运维降低药剂消耗

要强化工艺运行的智慧化水平，强化对混凝剂、消毒剂、氧化剂、pH调节剂等的精准使用管理，加强药剂类型选择，强化药剂自动化管控，以降低工作人员劳动强度，合理控制投加量，降低药耗。加强对厂站自动控制系统的数字化改造，开发先进的智能算法并建立数学模型，精准控制药剂投加量，实现精细化控制，增强水处理单元的适应性与安全可靠性，降低水厂药耗。

净水厂药剂投加系统智能运维优化目标

EI2-1-4 智能管控助力服务升级

构建新一代信息技术与供水业务深度融合的智慧水务体系。全面普及地理信息数字化建设，推进自控技术、智能技术与水务行业的深度融合，推进在线感知监测、工艺过程自动化等方面的技术进步，发展行业先进控制技术，实现控制智能化。建立完善的智慧水务标准体系，构建水务工业互联网等信息基础设施，建立保障水务行业数据采集与应用的信息安全体系，挖掘数据价值、实现数据资源化；打造智慧管理工具，创新水务行业管理新模式，实现管理精准化；构建复杂系统模型和算法，实现决策智慧化。

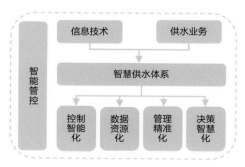

智慧供水体系构建思路与目标

EI2-2
排水提效安全保障

> 排水管网和污水处理设施与人民群众的获得感和安全感密切相关。应强化排水管网精细运维，提升污染物收集效能和安全保障水平；强化污水收集处理过程资源能源回收利用，助力排水系统绿色低碳发展；强化设施的生态景观融合，促进人与自然和谐共生。

EI2-2-1 完善弱项保障城市安全

制定完善的排水管网排查检测制度并全面落实，确保排水管网检测全覆盖；强化地下排水设施运行效能诊断与隐蔽工程安全性评估，排查识别并精准修复重大病害和安全隐患；提升排水管网的数字化、智能化管理水平，基于管网形变、土壤承载力、燃爆性气体监测等数据耦合分析，提前感知并科学预防地面塌陷、事故燃爆等风险；挖掘提升既有设施潜能，科学补齐排水设施短板弱项，综合运用管理手段和工程措施，快速补齐设施短板，提升污染物收集处理效能；强化排水系统精细化运维管理，全面推进排水系统提质增效，保障安全运行。

EI2-2-2 资源回收助力节能低碳

强化生活污水输送和处理过程的资源能源回收与利用，提升城镇污水收集管网的运维效能，降低污染物的无效损耗，增强排水管网非二氧化碳类温室气体生成与排放控制水平；强化污水处理设施运行诊断及功能区优化，提升污水处理系统无机组分的削减水平和碳源利用效率，降低碳源、除磷药剂等非化石能源消耗量，稳步降低污水处理系统能耗物耗水平。优先采用碳氮磷硫及CH_4等资源能源回收新工艺、新技术、新方法，挖掘污水中有价值成分并回收利用。将污水处理由污染物去除、减排与达标水排放等目标转变为水资源高效利用、矿物质与资源能源回收。

EI2-2-3 自然共生提升发展动能

做好城市排水管线的亲民化设计，积极推进"安全井盖"建设，解决道路井盖的出行舒适度和安全性影响问题，解决居民小区的污水冒溢问题，为公众提供良好的居住环境；将城市排水和污水处理设施的建设运维与周边生态景观、公众生活及土地综合利用有效结合，解决传统排水设施占地大、存在邻避效应等问题，为城市排水系统的绿色发展提供新的动能；积极推进分散式污水处理设施建设，将处理设施的污染物净化功能转变为水资源的制造功能，实现水资源就近生态利用、与周边环境协调、与人居文化生活深度融合；体现人与自然和谐相处的理念，更好地发挥"城市精细化设计"的综合价值，为构建城市绿色新格局提供保障。

EI2-3
雨水管理能力保障

> 城镇雨水系统是包括源头减排、排水管网和排涝除险等设施的系统工程，与防洪系统衔接，保障雨水安全排放，满足城镇内涝防治要求；源头减排、排水管网、排涝除险设施分别满足源头径流量与径流污染削减、频繁降雨事件排水安全、暴雨期间径流安全排放要求。

EI2-3-1 污染削减助力总量减排

应结合所在区域的自然地理条件、水文地质特点、水资源禀赋、降雨规律、水环境保护与内涝防治要求等，科学规划布局和选用下沉式绿地、透水铺装、生物滞留、植草沟、雨水湿地、多功能调蓄等低影响开发设施，实现雨水源头削峰减排；合理利用水体沿线入河排口或提升泵站占地，建设雨水快速净化设施，快速去除降雨污染中的颗粒物和可吸附污染物，最大限度削减降雨污染；通过渗、滞、蓄、净等措施控制雨水径流产生，削减峰值流量和径流污染，收集利用雨水。

EI2-3-2 调蓄控峰降低溢流频次

加强城镇降雨排放全过程水量调蓄设施建设，充分利用自然洼地、坑塘沟渠、园林绿地、广场等实施雨水调蓄设施建设与改造；因地制宜、集散结合建设雨水调蓄设施，充分发挥雨水调蓄设施的削峰错峰作用，强化下沉式绿地、透水铺装、生物滞留池、植草沟、雨水湿地等绿色基础设施的雨水调蓄功能。

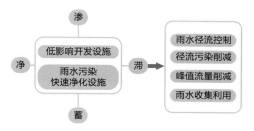

降雨污染控制措施与雨水管控利用思路

城市建设和更新改造过程中，应积极落实"渗、滞、蓄、净、用、排"的海绵城市理念，因地制宜使用透水铺装提高可渗透面积比例，建设绿色屋顶、旱溪、干湿塘等滞水渗水设施，最大程度强化对雨水径流的吸纳、蓄渗、缓释和净化作用，确保地块建设改造后的雨水径流峰值和径流总量不能高于建设改造前。

EI2-3-3 设施蓄水助力资源利用

在建筑与小区、道路、绿地与广场、滨水带、城市水体等区域，根据场地条件设计建设下沉式绿地、下沉广场、复杂型生物滞留设施、雨水湿地、湿塘、雨水罐、调蓄池等设施，对污染较轻的径流雨水进行收集、调蓄、净化，或采用单独的雨水净化技术处理雨水，并就近回用于景观补水、绿化浇洒、路面冲洗等。

EI2-3-4 畅通设施保障高效排水

保护河道、坑塘等雨水自然行泄通道和蓄滞洪空间，优先利用自然洼地、沟渠、园林绿地、下凹式广场等进行雨水调蓄，因地制宜、集散结合建设与改造人工雨水调蓄设施及行泄通道，并强调绿色设施的自然共生，与周边环境的和谐友好；强化灰绿设施结合，加强灰色雨水设施的智能运维，提高排涝除险能力。

基于雨水安全蓄排的灰绿设施功能融合

EI2-4

河湖恢复水源储蓄

城市河湖水系具有水源储蓄，亲水休闲，改善城市环境，排水防涝等功能。城市应构建亲水和谐的水体，提升水体服务功能；通过断面优化、补水水质水量保障等，营造适宜的生境条件，促进水生态恢复；通过运行水位调控、系统联动，强化雨水调蓄削峰与资源化利用。

EI2-4-1 亲水和谐提升服务功能

以全面改善水环境、塑造亲水和谐的景观环境为目的，根据不同区域特征、城市类型、水资源禀赋，统筹水资源配置、水体黑臭控制、积水内涝防治、清水廊道构建、城市生态恢复等重点任务，建立持续推进城市健康可持续发展的水体设施。结合水体功能定位和发展需求，综合平衡水体水量保持、景观水系构建、亲水平台建设等，构建安全、亲水、生态协同的城市河湖水系，保障排涝安全，提升公众获得感和幸福感。

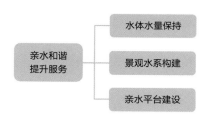

河湖水系的服务功能提升重点

EI2-4-2 生境营造助力生态恢复

强化水环境治理的生态适应性与生态安全性，以贴近老百姓对美好人居环境的现实诉求。加强城市生态水系构建，统筹排水防涝安全、亲水需求和生态基流保障，进行复合断面水体设计；耦合再生水生态补水、以沉水植物为主体的水生植物配置及水质保持措施，营造适宜水生生物生长的水体生态环境。强化水体水质保持与生态恢复，通过生态型水系构建，逐步恢复水生态系统。将生态生境恢复放到工程技术决策的优先位置，以城市水环境质量倒逼污水收集处理全过程污染总量与碳排放控制。强调污水处理厂达标出水的生态改善，支撑绿色低碳型城市河湖水系的整体构建与高质量运维。

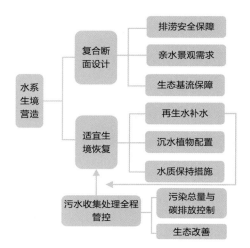

城镇水系生境营造的主要措施

EI2-4-3 运行调控助力降雨调峰

汛期前降低水体水位，为汛期排水腾挪调蓄空间；结合降雨预报和来水预测分析，借助来水水量、泵站雨水水量、水体水位的智能监控设备和管理平台的实时监测和预测功能，科学调度城市水体相关闸坝设施的启闭，精准调控水体水位，及时拦蓄排涝、削峰错峰，避免城市内涝的同时，为下游排涝争取时间、空间等多层面主动权，最大限度发挥调峰排涝减灾效益。

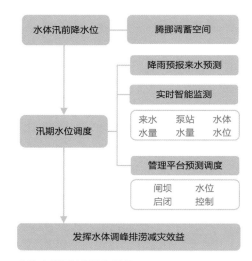

水体水位调控思路与目标

EI2-4-4 通道畅通保障城市安全

城市水体应与源头减排设施、排水管网、公共空间等进行合理衔接，贯通排涝通道，形成雨水多级排涝调蓄系统，有效防治城市内涝，保障城市安全；城市河湖水系的断面设计、植被配置及生态恢复工程设计应系统考虑排水防涝、降雨污染控制和雨水资源综合利用功能；采取生态截留、快速净化等措施，减轻降雨污染对河湖水系的影响，加强河湖水系雨后管理，长效保持城市水体水质。

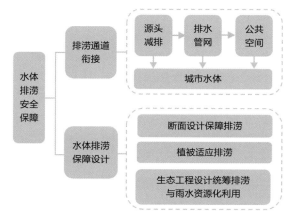

城镇水体衔接排涝通道与优化设计思路

EI2-5

垃圾回收环境保障

应强化生活垃圾源头分类回收和品质提升，推进可回收物与再生资源回收系统两网融合；强化处理末端的化学能和生物质能转化，推进能源高效利用；应用制肥、制建材等各种新技术，推进残余物再循环、再利用；利用智能化监管实现收集-运输-处理处置全程环境优美和谐。

EI2-5-1 分类收运助力资源回收

强化生活垃圾源头分类，合理实施厨余垃圾的纳管，有机垃圾就地堆肥或脱水处理，城市生活垃圾收集运输系统与再生资源回收系统两网融合，多途径减少源头垃圾产量，降低人均垃圾排放量，减少生活垃圾运输转运和处理处置量，形成良好的源头分流和资源循环机制。

确保收运过程垃圾不落地、少暴露、不沥渗、不滴洒，保障生活环境质量绿色和谐。

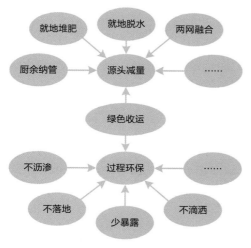

生活垃圾绿色收运结构示意图

EI2-5-2 提升效能支撑绿色低碳

耦合分类收集运输精细管理，提高垃圾纯度和品质，强化末端分类定向处理，推进处理残渣资源回收利用；采用高参数发电、生物质能高效转化新技

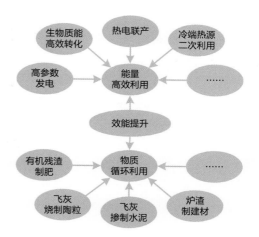

生活垃圾收运处系统效能提升层次结构图

术，提高能量转化效率；实施热电联产，冷端热源二次利用等新工艺，提升热能利用效率；采取有机残渣制肥，飞灰烧制陶粒或掺制水泥，炉渣制建材等新方案，推进处理残渣资源化利用，减少最终处置量。

EI2-5-3 智能环卫美化居住环境

建立收集点—运输车—场站综合管控/调度系统，运用GIS、物联网、云存储等现代化智能技术，集成垃圾收集点、运输车和场站的位置信息和运行状态数据，将收集、运输、处理处置环节的所有智能管控数据统一于"一张图"，打破数据孤岛效应，促进收集点监控、收—运—处联动、场站监管三大系统深度融合。实现生活垃圾收、运、处系统高效智慧运营，保障居住环境优美和谐。

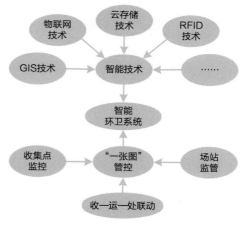

智能环卫功能结构图

EI2-6

土壤修复风险防范

加强土壤环境及污染的监管，及时发现污染状况并定位污染源头，阻断污染的进一步扩散和恶化；已污染的土壤环境应在流转开发前进行治理与修复，采用污染土壤和地下水整体修复方案，原位异位结合的修复技术，阻隔和密闭的修复手段，保证项目地块开发利用的安全性与生态保持。

EI2-6-1 精准修复助力降耗减碳

应严格管控工业废弃地、生活垃圾填埋场等污染场地的流转和开发建设，结合城市规划和土地使用性质，耦合开发策略，开展污染土壤和地下水的联合精准修复，综合利用原位和异位修复技术，降低修复成本，缩短修复周期，防止污染反弹，提高修复后场地生境质量，减少修复过程物耗能耗，提高修复后场地碳储能力。

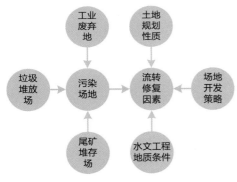

污染场地精准修复要点

EI2-6-2 严格管控助力风险防范

降低场地污染物暴露风险，采用垂直阻隔，切断污染物迁移扩散途径；采取水平阻隔，防控污染物暴露风险及危害；利用气力和水力控制，修复过程兼具污染扩散控制作用；采用密闭运输方案、封闭处理设备，以及密闭修复棚技术，有效控制粉尘和臭气逸散；强化修复后生境恢复，注重长期风险的管控，确保污染地块的土地利用安全，降低公众接触风险。

EI2-6-3 排污管控避免土壤污染

加强工矿企业污染排放监管，防止偷排、漏排、超排现象发生；严格矿渣、废弃化学品、废弃催化剂等固体废物暂存和贮存设施标准化建设，避免淋滤、泄露的污染风险；加强潜在污染源周边土壤和上下游地下水质量监管，及时发现污染风险，防止污染扩散；强化地下管线和存储设施的泄露监管，建立应急预案，及时发现泄露问题并妥善处理，从源头切断土壤污染的可能性。

EI3

技术路径

EI3-1

绿色供水安全节水

应统筹采取全程管控、安全优质、保量保压、节水低耗、智慧供水等技术措施，构建城镇绿色安全供水与节水体系，多级屏障全流程保障饮用水安全；节水优先，系统治理，推行水资源的高质高用、低质低用。

EI3-1-1 精准施策实现绿色供水

市政供水遵循安全、高效、低碳、生态、智慧的总体功能定位和全程管控、安全优质、保量保压、节水低耗、智慧供水的总体技术路线。

全程管控：强调供水工程从水源到用户龙头全程的水质、水量、水压的保障，做到每个单元和全过程的多屏障管控。

安全优质：确保安全供水，推行绿色水处理工艺、管材和药剂,提供可直饮高品质水。

保量保压:水量水压满足绿色供水要求。

节水低耗:节约水资源,水厂排泥水全部处理,合理回收利用;低能耗、低药耗。

智慧供水:生产运行自动化、业务管理信息化、客户服务智慧化。

市政供水绿色发展技术路线

EI3-1-2 安全至上全过程多屏障

饮用水安全直接关系到经济社会发展和人民群众的身体健康。要构建供水安全多级屏障,全流程保障饮用水安全与健康;强化水源保护,将风险隐患控制前移到源头;牢固树立饮用水安全保障的整体性观念,将风险管控意识贯穿于全过程,构建从源头到龙头的全过程安全保障体系,强化风险评估、应急预案制定,准确把控和有效降低饮用水安全风险;提升净水处理效果,加强输配水管网、二次加压设施布设、科学调度与运行管理,规范管网清洗制度与周期、提高各环节水质检测与评估反馈能力,确保用户龙头水质达到现行国家标准《生活饮用水卫生标准》GB 5749的要求,水量充足、水压稳定。

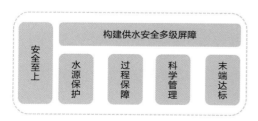

全过程饮用水安全保障体系架构

EI3-1-3 节水优先可持续性发展

基于我国水资源严重短缺的基本水情,全面提升水资源利用效率和效益,全面贯彻绿色发展理念,遵循"节水优先、空间均衡、系统治理、两手发力"的治水思路。

1. 合理调配水资源

统筹水资源可持续利用和水资源优化配置目标,将常规水源(地表水源、地下水源)和非常规水源(再生水、雨水、海水等)放在同一层面上统一考量,在满足供水需求的同时,实现水资源的"高质高用,低质低用"。供水部门结合区域自然环境特点和水资源特征,根据不同用户的水质需求,进行高质高价、低质低价的水资源供应和收费,以促进新鲜淡水消耗量的减少和治污成本的降低。

2. 实施城镇供水管网漏损治理工程

老城区结合更新改造,补齐供水管网短板;新城区高起点规划、高标准建设供水管网。按需选择分区计量实施路线,建设分区计量工程,逐步实现供水管网的网格化、精细化管理,积极推进供水管网改造、压力调控工程。

降低水厂自用水率。优化水厂生产工艺过程,延长沉淀池排泥和滤池反冲洗周期,控制好配制药车间用水量,减少弃水、检修用水。水厂排泥水全部处理、合理回收循环利用。

节约市政用水量。城市园林绿化推广节水耐旱型植被,采用喷灌、微灌等节水灌溉方式;推广节水型坐便器、淋浴器、水嘴等节水器具。

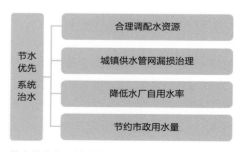

节水优先的系统治水思路

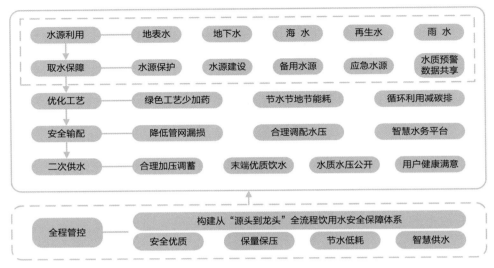

绿色供水与安全节水的总体技术路线

EI3-2

污水降碳增效回用

排水系统提质增效、减污降碳和资源化利用是行业重大需求。应通过提质增效，提高城市排水系统整体效能；通过精细化设计运维，提升污水处理设施减污降碳能力；统筹资源能源回收利用，全面提升污水资源化利用水平；利用城市竖向空间，拓展设施衍生价值。

EI3-2-1 提升存量与做优增量并重

提高城市排水设施整体效能。摸清污水收集管网底数，识别污染物沉积、清水入流入渗的关键节点和重点管段，通过挤外水、提流速、控沉积等工程管理举措，解决存量污水管网运行效能低下、错混接、合流制溢流等导致城市水体雨后返黑返臭的问题。新建城区应坚持雨污分流建设模式，实施"厂－网－河（湖）"一体化协同管理，促进传统设施与新型智慧高效设施的有效融合，支撑设施高质量建设与效能提升同步实现。

EI3-2-2 精细设计与低碳运维结合

提升城镇污水处理设施弹性韧性。在排放标准日趋严格和低碳运维的背景下，结合水质特性、工艺单元、设备仪表及管理评估等方面的深入调研，提出满足功能明确、分区独立、布局弹性、运行可调的整体工艺技术及单元组合；通过必要的工艺改造和优化控制，系统解决污水处理设施碳源无效损耗问题；开发并有效利用厌氧氨氧化、反硝化除磷、同步硝化反硝化、短程反硝化等低能耗工艺技术，并与既有工艺有机融合。

EI3-2-3 资源回收与能源利用同步

全面提升污水资源化利用水平。统筹污水污染物削减与资源能源回收利用，优化开发以氮磷、溶解性难降解有机物和新污染物强化去除为核心的多模式工艺技术途径，实现不同等级再生水的安全利用与良性循环；形成污泥安全处理处置、磷等有价值成分有效回收及生物质能综合利用的技术途径，提高污水处理厂能源自给率。

EI3-2-4 空间利用与功能融合共生

拓展排水设施的衍生价值。优化城市排水设施布局，充分利用城市竖向空间，与绿地、广场、运动场馆、公园等公共设施功能相互融合，带动绿色理念的示范和普及，提升周边地产价值和环境质量，促进设施绿色发展的同时，不断提升社会、经济等衍生价值。

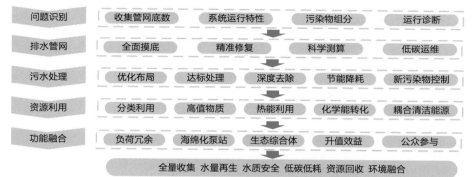

问题识别	收集管网底数	系统运行特性	污染物组分	运行诊断
排水管网	全面摸底	精准修复	科学测算	低碳运维
污水处理	优化布局	达标处理	深度去除	节能降耗	新污染物控制
资源利用	分类利用	高值物质	热能利用	化学能转化	耦合清洁能源
功能融合	负荷冗余	海绵化泵站	生态综合体	升值效益	公众参与

全量收集 水量再生 水质安全 低碳低耗 资源回收 环境融合

污水处理降碳增效与资源能源利用总体技术路线

EI3-3

雨水控用安全蓄排

构建源头减排、管网排放、蓄排并举、超标应急的防洪排涝体系。因地制宜利用源头海绵设施削减雨水径流；按照高水高排、低水低排的原则，规划雨水排水分区，充分借助自然管渠排水；发挥和提升绿地、下沉广场等应急调蓄功能，利用内河、道路等排涝除险，借助地形引导超标雨水行泄。

EI3-3-1 源头减排降污利用

在雨水排入市政排水管（渠）系统之前，通过就近、分散、多样性的透水铺装、绿色屋顶、下凹式绿地、生物滞留池、植草沟、湿塘、雨水湿地等源头低影响开发措施，发挥"渗、滞、蓄、净、用、排"作用，统筹协调水量与水质、生态与安全等关系，有效控制雨水径流产生、削减峰值流量与雨水径流污染，收集利用雨水。

EI3-3-2 管渠输送调蓄排放

实施雨水口、管线、渠道、泵站、调蓄池等雨水过程收集、输送、调蓄、排放等工程设施，设置雨水湿地、多级生物滤池、快速絮凝沉淀等末端雨水净化利用工程技术设施，与源头低影响开发雨水设施、超标雨水径流排放设施有效衔接，共同实现径流雨水的收集、转输、调蓄、排放、净化利用。

EI3-3-3 自然调蓄风险应对

综合利用自然水体、多功能调蓄水体、行泄通道等自然途径，调蓄池、深层隧道等人工雨水调蓄工程设施，结合雨水系统的智能运维、智慧化调度及应急管理措施，应对超过雨水管渠系统设计标准和内涝防治设计标准的雨水径流，实现有效调蓄、快速排放，提升排水防涝能力和抗灾救灾减灾能力，降低极端降雨带来的风险。

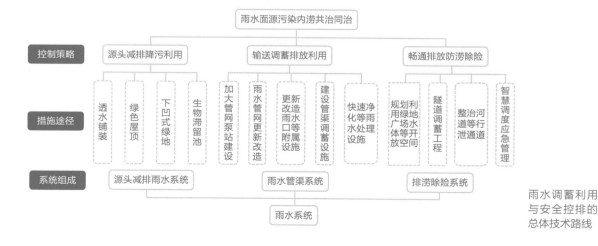

雨水调蓄利用与安全控排的总体技术路线

EI3-4

水体重构生态改善

> 城镇水体有别于流域自然江河湖库，应强化基于功能定位的水体重构与水生态改善，合理制定水体治理技术路线，优化布局水系断面结构、生态岸带和功能设施，建立水体长效管理机制，保障水体健康稳定运行。

EI3-4-1 五水统筹制定治理路线

遵循"控源截污、内源治理；活水循环、清水补给；水质净化、生态恢复"的基本思路，兼顾水资源、水环境、水安全、水生态与水景观要求，基于不同区域水体功能定位，制定水体安全保障与生态恢复技术路线，恢复和构建城市健康水循环，改善城市水环境。

EI3-4-2 优化布局水体功能设施

统筹流域上下游、左右岸，进行城市水系顶层设计，兼顾排涝、生态、景观、文化、娱乐等多重功能，科学设计城市水体平面与断面结构，构建水体生态岸带，优化布局水工附属设施等。

EI3-4-3 系统管理保障水体健康

解析入河排口污染、底泥污染、水体岸带垃圾和上游（支流）来水及河湖补水污染等水体系统污染特征，采取控源截污措施，从源头控制污染物向城市水体排放；建设海绵绿色设施，源头削减降雨径流污染负荷；进行排水管网混错接改造、常态化检测与清通养护，避免旱季污水直排和雨季降雨污染，降低管道沉积物冲刷入河总量；科学实施补水保障、水体水质改善与生态修复策略；建立水体上下游水质监测与污染防控联动机制，健全水体长效养护机制。

EI3-5

水土共治生境恢复

> 强化土壤系统污染监管，采用阻隔措施降低污染土壤暴露风险；综合考虑场地和污染物特征，兼顾修复和开发要求，实施污染土壤和地下水协同治理，减少污染拖尾周期，降低污染反弹风险；加强生境保护和恢复，利用乡土植物提高场地碳储能力和生态承载力。

水体重构与生态改善的总体技术路线示例

EI3-5-1 污染阻隔降低暴露风险

采用钢板桩、泥浆渠、喷射灌浆等垂直阻隔措施，避免污染向周边扩散和随地下水向下游迁移；采用沥青、混凝土、弹性膜等水平阻隔措施，减少人员接触和随气流迁移风险；利用密闭管道、车辆、皮带运输，密闭设备处理，密闭型修复大棚暂存，减轻粉尘和臭气污染扩散，防止二次污染；降低修复人员和后续场地使用人员暴露风险，保证地块安全治理、开发和利用。

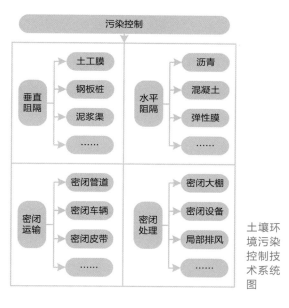

土壤环境污染控制技术系统图

EI3-5-2 水土共治减轻拖尾反弹

以水土共治为原则，结合场地水文地质条件特征、污染物质特性、修复工期要求、建（构）筑物现状、城市规划土地用途、场地开发方案，采用土壤清挖和地下水抽出联合、气体抽提和曝气联合、淋洗和地下水抽出联合等原位和异位修复技术，对土壤和地下水同步共同治理，减少污染拖尾周期，降低污染反弹风险，实现接触和利用安全。

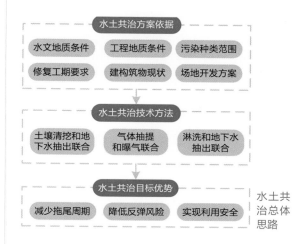

水土共治总体思路

EI3-5-3 长期管控实现生境恢复

优先选用曝气修复、淋洗修复、可渗透反应墙修复等低扰动治理技术，减轻修复过程对土壤生境的破坏程度；依托植物修复和监测自然衰减等技术，对修复后的场地进行长期管控，防止污染反弹；修复后可通过调节土壤含水率、施加有机肥和调理剂、土壤置换等手段，强化土壤生境恢复；通过种植乡土高碳储植被，提高土地的碳储和承载能力。

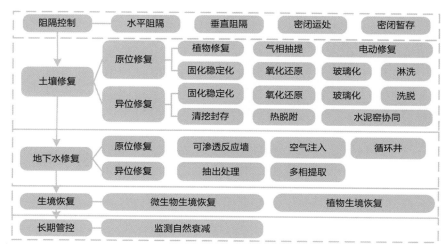

水土共治与生境恢复的总体技术路线

EI3-6

垃圾分类全程智控

加强生活垃圾的源头分类投放监管，有害垃圾全量分流，可回收物精细分流，厨余垃圾高品质分流；遵循金字塔法则，按资源回收—能源利用—最终处置的逻辑顺序，依次确定各类废弃物的处理处置方式；加强收集、运输、处理、处置全过程分类管理和智能管控。

EI3-6-1 源头分类减量安全利用

生活垃圾应强化源头分类投放和收集，含汞电池、荧光灯管、水银体温计等有害垃圾分流，保障后端处理残渣可安全利用；玻璃、金属、织物、纸张、塑料等可回收物分流，与再生资源回收系统两网融合，提高资源回收效率；餐厨垃圾、家庭厨余垃圾、农贸市场垃圾等厨余垃圾分流，提升物质循环能力；其他垃圾通过焚烧、填埋等方式安全处置。

源头分类应做到有害垃圾全量分流，可回收物精细分流，厨余垃圾高品质分流。

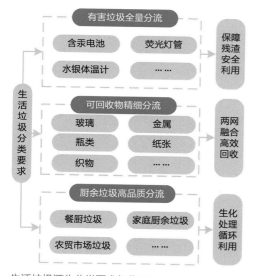

生活垃圾源头分类要求与作用

EI3-6-2 回收利用助力环境友好

垃圾处理过程应遵循金字塔法则，按照环境友好程度，确定处理优先级别。按资源回收—能源利用—最终处置的先后顺序，确定各类废弃物的处理工艺；各类资源（如玻璃、塑料、金属、油脂）应通过预处理分选工艺回收利用，可降解有机物通过生物转化回收生物质能，可焚烧垃圾通过焚烧回收热能，处理残渣制肥、制建材等实现综合利用。

生活垃圾处理金字塔法则逻辑结构图

EI3-6-3 全程智能防控污染风险

加强环卫系统全程智能管控，助力垃圾收集点、运输线、处理厂各环节污染物排放可控，环境质量优质。收集点智能监管应防止垃圾满溢，提示收集设备状态，推进准确投放。运输途径智能监管应优化调度路线，减少能量消耗，防止沿途抛洒；有回收价值物并入资源回收系统，促进两网融合。处理场站智能监管应提高处理效率，延长稳定运行周期，防止污染排放，防范各类风险。

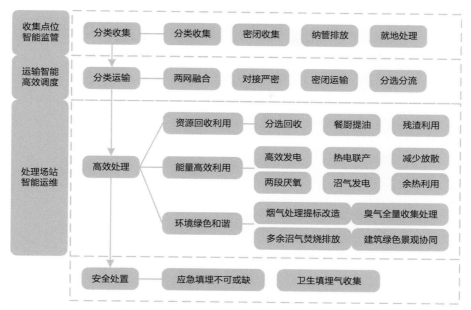

生活垃圾分类与全程智能控制的总体技术路线

W

W1-W6

供水系统

WATER SUPPLY

W1 水源开发	W1-1	合理开发常规水源
	W1-2	海水利用补充水源
	W1-3	污水再生多效利用
	W1-4	雨水渗蓄水源储备
W2 安全优质	W2-1	水源防护源头管控
	W2-2	工艺保障提高水质
	W2-3	输配过程绿色安全
	W2-4	末端管理优质健康
W3 保量保压	W3-1	水源建设保障水量
	W3-2	应急备用多源储备
	W3-3	综合调度保障水压
W4 节水低耗	W4-1	节水节地循环集约
	W4-2	节能省药绿色低碳
	W4-3	控制漏损提高质效
W5 自然生态	W5-1	适应场地现状特征
	W5-2	营造绿色健康环境
	W5-3	控制环境污染风险
W6 智慧供水	W6-1	构建智慧服务平台
	W6-2	全流程数字化管控

水源开发

W1-1

合理开发常规水源

> 天然地表水和地下水是饮用水供水的最佳水源，也是给水处理中最为常见的水源；水源选择时要做好勘察与论证，尤其水量、水质及可获得性；水源开发时要科学确定供水水源的开发次序，本地优先，优水优用；依据地域水印迹特征，以水定城、以水定地、以水定人、以水定产，走绿色可持续发展之路。

W1-1-1 水源选择勘查论证先行

常规水源一般为来自江河、湖泊、水库的地表水和地下水。给水水源的选择应以水资源勘察评价报告为基础依据，确保取水量和水质稳定可靠，严禁盲目无序开发。水源选择前，必须进行水资源的勘查与论证。采用地表水为生活饮用水水源时，水质应符合现行国家标准《地表水环境质量标准》GB 3838的规定；采用地下水为生活饮用水水源时，水质应符合现行国家标准《地下水质量标准》GB/T 14848的规定。

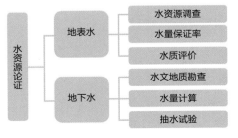

水源选择要点

W1-1-2 科学确定水源开发次序

水是不可替代的资源，随着经济社会的发展，用水量上升较快，尤其是城镇化区域。由于水资源缺乏或水质污染，出现了不少跨区域跨流域的引水及供水工程。因此，对水资源的选用，要统一规划、合理分配、优水优用、综合利用，科学确定供水水源的开发次序，宜先当地水源、后过境水或调水，先自然河湖水、后需调节径流的河湖水。选择水源时还需考虑多水源调配、工程施工和运输交通等条件。

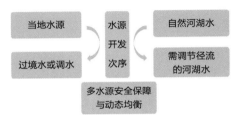

水源开发次序

W1-2

海水利用补充水源

> 海水利用包括海水淡化、直接利用和化学资源利用；海水淡化通过海水脱盐生产淡水，主要有膜法和蒸馏法（热法）两大类；海水直接利用以海水为原水，直接替代淡水作为工业、生活和农业用水等；海水化学资源利用是从海水中提取化学元素及深加工利用，主要包括海水制盐、提钠、提钾、提溴、提镁等。

W1-2-1 开发海水淡化技术

向海洋要淡水是解决沿海地区淡水资源供需矛盾最有效的途径。海水淡化也称海水脱盐，是分离海水中的水和盐的工艺过程。按分离原理和技术方法，海水淡化技术分为相变法和非相变法两大类。相变法主要包括蒸馏法、冷冻法；非相变法主要包括膜法、其他非膜方法。

目前应用最广泛且形成产业化规模的主流海水淡化技术，主要包括蒸馏法中的低温多效蒸馏法（LT—

MED）、多级闪蒸法（MSF），膜法中的反渗透法（RO）、热膜耦合法等。

海水淡化水可进入市政供水管网，但需要利用再矿化、调节pH、除硼、添加氟化物等方式，提高淡化水的水质稳定性和品质。可以单独采用供水管网，也可以与常规供水管道水掺混，常规水与淡化水的最佳掺混比为3∶1～5∶1。淡化水还可通过水源补水方式间接进入供水管网。

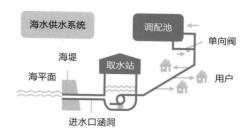

海水供水系统示意

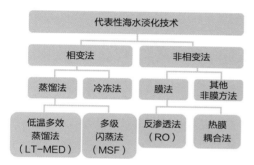

主要海水淡化技术

W1-2-2 淡化海水用于工业

海水经淡化后，离子强度很低，进入市政供水管网会对沉积物及管道产生侵蚀，改变管道内的物理化学平衡状态，影响管网的安全稳定运行。因此，海水淡化水要优先用于工业用水，特别是需要脱盐脱离子的工业用水，处理成本会相对较低，减少工业企业对城市供水的需求，还可以相应减少饮用水去离子过程产生的碳排放。

W1-2-3 海水冲厕替代淡水

对于沿海地区，经技术经济比较后，可采用海水替代淡水进行冲厕，这是我国沿海地区现阶段海水利用的可行途径之一。在水资源日益短缺的当今，海水直接利用作为重要的开源途径，越来越受到重视。大生活用海水利用是海水直接利用的主要组成部分，可代替沿海地区20%左右的生活用水量。工程项目中采用海水冲厕具有一定的经济效益和社会效益，但考虑到海水本身的特性，要求工程设计人员对海水水质、海生物附着性、海水腐蚀、管道渗漏、室内供海水管道结露等提出相应的有效技术措施。

W1-3

污水再生多效利用

污水再生利用为水量回收、水质再生和各类利用，实现水再生循环利用的社会过程；水资源本身具有可再生的特性，而城镇生活污水的水量相对充足和稳定，就地可取、水质可控，供给可靠；因此，城镇污水再生利用是开源节流、减轻污染、降低碳排、改善生态、经济可行，解决缺水和水环境问题的多赢途径。

W1-3-1 因地制宜利用再生水

城镇污水水量相对稳定、水质变化幅度小，其再生处理技术和工艺过程控制日趋成熟。城镇污水经二级强化（除磷脱氮）处理，再加上适当的深度处理措施，通过科学的工艺设计和精细化的运行管理，能满足不同再生水用途的水质要求，具有良好的推广前景和产业化应用价值。

再生水可用作景观环境用水（景观用水、湿地用水、河湖补水等）、城市杂用水（城市绿化、冲厕、道路清扫、消防、车辆冲洗、建筑施工用水等）、工业用水（冷却、洗涤、锅炉、工艺和产品用水等）、农林牧渔业用水（农田灌溉、造林育苗、畜牧养殖、水产养殖用水等）、补充水源水（地表水、地下水等）等，涉及的行业领域十分广泛，应因地制宜地充分利用再生水。

W1-3-2 据不同用途分质处理

再生水用于多种用途时，需要按不同用途的水质标准进行综合或分质处理。当再生水作为锅炉补给水时，应进行软化、除盐等处理；作为工艺与产品用水时，应通过试验或根据相关行业的水质指标，确定直接使用或补充处理后再用。盐碱地区的再生水用于绿化等用途时，通常需要增加脱盐（反渗透）处理。

当再生水同时用于多种用途时，水质可按最高水质标准要求确定或分质供水；也可按用水量最大用户的水质标准要求确定。个别水质要求更高或特殊指标要求的用户，可自行补充处理达到其水质要求。

目前实施的再生水水质标准主要包括：《城市污水再生利用 农田灌溉用水水质》GB 20922、《城市污水再生利用 工业用水水质》GB/T 19923、《城市污水再生利用 城市杂用水水质》GB/T 18920、《城市污水再生利用 景观环境用水水质》GB/T18921、《城市污水再生利用 地下水回灌水质》GB/T 19772、《城市污水再生利用 绿地灌溉水质》GB/T 25499。

W1-3-3 选择再生水生产工艺

结合再生水用途及原水水质水量变化特征，选择成熟可靠的再生水生产工艺，按照"集中利用为主、分散利用为辅"原则，推进再生水利用设施的建设运行，扩大利用量，拓展应用面。

根据再生水用途或用户对水质的不同要求，可结合强化二级生物处理（除磷脱氮），采用不同的深度处理工艺路线，例如：采用混凝沉淀、过滤及反硝化等技术深度除磷脱氮；采用臭氧氧化、活性炭吸附及生物作用等单元技术深度去除溶解性难降解有机物、致色物质和微量新污染物；采用"双膜法"（MF/UF+RO）深度除浊脱盐，生产高品质的再生水。

污水处理厂高标准达标处理的出水，可以作为景观生态环境用水，经湿地等生态设施进行生态改善后，补充河湖水体。再生水用于工业、绿地灌溉、城市杂用水时，优先选择用水量大、水质要求较简单、技术可行、综合成本低、经济和社会效益显著的用水方案及处理工艺。

W1-3-4 推进再生水饮用水源

再生水的饮用回用可分为间接饮用回用（Indirect Potable Reuse，IPR）与直接饮用回用（Direct Potable Reuse，DPR）。

目前，再生水补充饮用水源的主要净化处理工艺过程有微滤（MF）/超滤（UF）+反渗透（RO）+高级氧化（AOP）、臭氧+生物活性炭（BAC）/颗粒活性炭（GAC），或二者混合组成的工艺系统。应用最广泛的工艺单元组合为（MF /UF）+RO +AOP，被称为"完全高级处理"（Full Advanced Treatment，FAT），也称"高标准处理"，被认为是再生水补充饮用水的标准工艺系统。

IPR的实施方式根据环境缓冲区的不同，主要包括地下水补给与地表水补给两类。二者均对再生水水质有着较高要求，以避免对地下水造成污染或导致封闭地表水体富营养化等。

IPR由于更高的公众接受度，相对更容易在大部分缺水地区开展应用。DPR则属于一种较极端的再生水补充饮用水方式，无需环境缓冲区而具有更高的效率，较适合极端干旱、水环境条件较差的地区进行利用。

在净化处理工艺单元选择方面，以RO为核心的"完全高级处理"工艺系统更加适合对水质要求较高的地区，其不仅对浊度、溶解性固体、铁和锰等常规污染物的去除表现优异，而且对PPCPs、DBPs 等微量污染物的去除表现良好，同时，通过多屏障水质安全工程可使得病原微生物得到消除，满足水质卫生学安全要求。

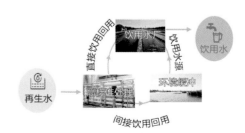

再生水饮用水源实施模式示意图

W1-4

雨水渗蓄水源储备

城镇雨水利用是指在城镇规划建设范围内，有目的地采用各种措施对雨水资源的保护和利用，包括收集、调蓄和净化后的直接利用；也包括利用各种人工或自然水体、池塘、湿地或洼地使雨水渗透补充水资源的间接利用；还包括利用与渗透相结合，与洪涝控制、污染控制、生态环境改善相结合的综合利用。

W1-4-1 促渗减排提高地下储备

1. 贯彻海绵城市建设理念

通过海绵城市建设理念，综合"渗、滞、蓄、净、用、排"等途径，进行雨水管理及利用，合理开发雨水资源，提高地表及地下自然储备。

2. 利用大面积收集面集雨

城镇的建筑屋顶、大型广场、小区庭院、不透水地面都可大面积地汇集雨水，是良好的雨水收集面。降雨产生的地面径流，只要修建一些简单的雨水收集和贮存工程，就可将城镇雨水资源化，用于市政清洁、绿地灌溉、维持城镇水体景观等。

3. 利用渗透设施集雨

利用各种人工设施强化雨水渗透是城镇雨水利用的重要途径。雨水渗透设施主要有渗透集水井、透水性铺装、渗透管、渗透沟、渗透池等。对必须改造和新建的排水管网工程，一次性采用地表渗透设施，更能达到节省工程投资或提高安全韧性的目的。

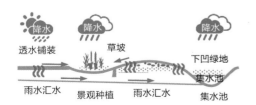

渗透设施集雨示意图

W1-4-2 调蓄设施助力雨水收集

对收集的雨水和降雨就地利用，要做好源头调蓄设施。源头调蓄设施有多种形式，包括和区域内的天然或人工水体结合的调蓄设施、设置在地上的敞开式雨水调蓄池和地下的雨水调蓄设施。以渗透功能为主的源头减排设施，如透水路面、绿色屋顶、下凹式绿地和生物滞留设施等也具有调蓄功能。敞开式调蓄设施的形式有干塘、湿塘、调蓄池等，地下雨水调蓄设施建在绿地、广场和停车场下方，便于维修和改造。

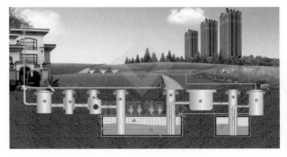

雨水调蓄池示意图

W1-4-3 水质控制保障水源质量

对雨水的水源利用，需要控制好收集的雨水水质，保障雨水的水源质量，不能有重金属或有毒有害物质地块来水等。为避免雨水径流中的固体杂物进入调蓄设施，可在设施前端设置格栅、前置塘等拦污及净化设施。当附近有水体时，应寻求以水体为核心的水源优化方案，以自然净化、生态修复、截污截流、循环利用等关键技术，以水质保障与生态景观、雨污水资源化、防涝调蓄等相结合为目的的综合解决方案。

为保障水体水质，需要建立源头污染控制和提高水体自净能力相结合的水质保障体系。

W2

安全优质

W2-1

水源防护源头管控

> 饮用水安全保障最重要的是水源保护，将风险隐患前移、控制在源头；首先要加强水源区域的生态环境保护，按照规定设立饮用水水源保护区，纳入社会经济发展规划和水污染防治规划；加强城市水源储备，做好水源地和取水工程的源头水质管控工作，改善取水水源水质；加强取水设施巡检监控及水源预警等。

W2-1-1 加强水源区域保护

从源头进行水质的保护和改善，是水源和供水单位必须要做好的工作。《中华人民共和国水法》第三十三条规定：国家建立饮用水水源保护区制度。省、自治区、直辖市人民政府应当划定饮用水水源保护区，并采取措施，防止水源枯竭和水体污染，保证城乡居民饮用水安全。第三十四条规定：禁止在饮用水水源保护区内设置排污口。在江河、湖泊新建、改建或者扩大排污口，应当经过有管辖权的水行政主管部门或者流域管理机构同意，由环境保护行政主管部门负责对该建设项目的环境影响报告书进行审批。

W2-1-2 改善取水水源水质

加强城市水源储备，做好水源地和取水工程的水质管控工作，改善取水水源水质。保护地下水资源，加强水的自然贮存；建设地表水调蓄设施，建立生态缓冲区，提升自然净化功能。加强源头污染控制，严格防止高风险污染物进入饮用水水源。比如：对水源

地实施生物净化工程技术，采用科学的方法并利用自然生物链保护且净化水源水质，以此提高水源水体的水质自净能力，这种方法不仅改善源头水的质量，还为后续水厂减轻处理负担。随着水源地域的经济社会发展，生活废弃物及排放物成为影响水质的最主要因素，应当在水源地附近或者水库建立完善的生活垃圾及污水的收集和净化处理设施。有条件的地域，尽量推行岸滤（Riverbank Filtration）技术，发挥岸边天然含水层的净水优势。

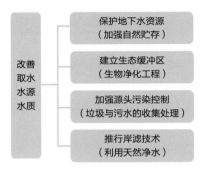

改善饮用水水源水质的措施

W2-2

工艺保障提高水质

> 绿色净化处理工艺对水的性质，特别是水的天然化学属性的干扰和影响最小，优先选择和推广应用；净水厂工艺设计要考虑足够的弹性和韧性，以满足不同用水场景对水质、水量和水压的需求；为提高优质饮用水的集中供给率，需要建设全过程优质足量的供水系统，推行更精细化的设计、运行与管控。

W2-2-1 应用绿色工艺安全高效

水处理方法很多，其中物理法、物理化学法、生物法，不用或少用合成化学品，对水的化学性质影响较小，具备绿色工艺的特征。

超滤、生物处理、活性炭吸附和生物活性炭等在去除水中有机物上有互补性，因原水水质不同，将超滤与生物处理组合，或将超滤与活性炭吸附、生物活

性炭组合，或将四者组合，形成以超滤为核心的组合工艺系统，可对轻度污染水源水进行高效净化，提高净水厂的出水水质。

需要关注微量新污染物，如持久性有机物、药物及个人护理品、内分泌干扰物、新耐氯致病微生物等，采用臭氧生物活性炭、膜分离等技术。

W2-2-2 增加弹性韧性制水可靠

城镇给水工程应具有保障连续不间断供水的能力，满足用户对水质水量和水压的需求。市政供水设施要考虑一定的弹性和韧性，服务区域内的各水厂设计综合生产能力要高于实际最高日供水量，这样在出现水源污染、水厂和管网故障时也能保障足质、足量的供水服务。

在净水厂工程设计时，应精心选取各处理构筑物的设计参数，考虑充足的冗余能力；各配水渠道、集水槽、配水堰、出水堰、溢流堰应按超负荷水量校核；送水泵房的设备能力、配水管网的设计水量，按最高日最高时的流量设计；水厂空间布置时考虑预留空间，可在现有设施基础上进行扩建与提质改造，具有足够的弹性空间。

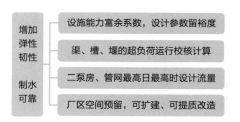

增加制水弹性韧性的方法

W2-2-3 提高优质水稳定达标率

地方政府可根据水源特点和存在的限制因素，对标国际、国内标准，制定符合当地需求的水质控制标准，从供"合格水"向供"优质水"转变。为提高优质水稳定达标率，实现更精细化的供水水质保障与管控，可采取如下对策：

1. 加强水源保障，从源头提高原水水质。新建水厂同步建设深度处理设施。必要时，采用臭氧-生物活性炭工艺，适度推广超滤及纳滤技术，降低药剂

和消毒剂投加量，减少消毒副产物。

2. 原水较差的情形，可采用较长的水处理工艺路线，例如预氧化或生物预处理+混凝沉淀砂滤+臭氧生物活性炭+膜滤+UV+氯消毒。

3. 扩建水厂应同步补齐原有水处理工艺的深度处理设施。

4. 提高水厂设施的建设标准，推动智慧化管理，增强应对水源水质突变的能力，提升出厂水的水质，改善口感。

5. 完善市政供水管网和二次供水，提高自来水的输配稳定性，实现龙头水的优质。

W2-3
输配过程绿色安全

净水厂的出厂水通过输配水管道送到终端用户过程中，一定要保证水质安全；输配水工程中要优选经过验证的绿色优质管材，同时要从各方面保证饮用水在管道中的水质稳定，既不腐蚀管道又不产生结垢现象；合理投加消毒剂，保证管网中的余氯适量，并控制消毒副产物的生成及残留。

W2-3-1 绿色管材保障供水品质

管材的质量决定着输送水的质量，市政供水系统的输配水工程，首先要选择好管材。室外给水管网的管材应选择水力条件好、耐腐蚀、无有害物析出、不易结垢、不产生二次污染、使用寿命长、施工及维护方便、运行安全、经济合理的绿色优质管材和配件。

管材选用应根据不同的工作压力、使用条件和地质状况，经技术经济比较后择优。一般情况下，管径大于等于1600mm的，宜选用钢管、球墨铸铁管、预应力钢筒混凝土管（PCCP）；管径大于等于200mm、小于1600mm的，宜选用球墨铸铁管；管径大于等于100mm、小于200mm的，宜选用球墨铸铁管、高密度聚乙烯管（HDPE）；管径小于100mm的，宜采用不锈钢管、高密度聚乙烯管、薄壁不锈钢管（室内）；明设的室外给水管道管材不得采用塑料管。

金属管道要考虑防腐措施，管材、管件、管道内防腐材料及承插管接口处密封材料，必须符合现行国家标准《生活饮用输配水设备及防护材料的安全性评价标准》GB/T 17219的规定。

钢管　　　　球墨管　　高密度聚乙烯管　不锈钢管

绿色管材示例

W2-3-2 水质稳定，不腐蚀，不结垢

出厂水在管网输送中的水质稳定性，是影响供水系统供水水质的重要因素。管网水质稳定性包括化学稳定性和生物稳定性。供水在管网输配过程中，由于诸如pH、投加药剂、残余金属离子等的影响，水中含有的化学物质之间或者与管壁之间发生化学反应而引起稳定性改变。主要化学变化有氧化、还原、水解等。

管网水质的化学稳定性表现为腐蚀性和结垢性，是指水在管道输送过程中既不结垢又不腐蚀管道。管网水质生物稳定性是指管网水中的有机营养基质（可生物降解有机物）能支持异养细菌生长的潜力，即细菌生长的最大可能性。饮用水生物稳定性高，则表明水中细菌生长所需的有机营养物含量低，细菌不易在其中增殖。

增强管网水质稳定性的措施包括：加强管理，加快管网的更新改造，采用新型管材替代传统金属管道，及时更换腐蚀严重、漏水频繁、内壁结垢、影响输配水卫生条件的管道。改善水处理工艺，提高水处理效果，例如：调节pH值至7.0～8.5，可以提高水的化学稳定性；合理投加消毒剂；增加溶解氧；采用深度处理工艺，增加水厂处理单元对水中有机物的去除等；强化管网系统的维护与技术改造；加快对输水干管的整体改造，尽快更新超过使用年限的管段。

W2-4

末端管理优质健康

饮用水水质控制的核心目标是保证最终用户龙头水的达标，《生活饮用水卫生标准》GB 5749从卫生学、安全学的阶段逐渐迈向健康学阶段，绿色供水的目标是末端优质健康；为实现龙头水用水的舒适健康，还要着重做好二次供水的水质保障，尤其是二次供水设施的提标改造与日常维护，全面加强用户末端水质管理。

W2-4-1 提标改造二次供水设施

为保证"供水最后一公里"的安全，确保龙头水的达标和优质，要重视二次供水设施的评估和建设运维。当现状二次供水设施评估后，需要提标或更新改造的，应及时进行。二次供水系统的设计，应与市政供水管网的供水能力以及用户的动态用水需求相匹配，尽量采用成套技术设备。在泵房用地等条件许可的情况下，提标或更新改造可采取"关、停、并、转"等优化措施，提升泵房的整体运行效率。

二次供水系统宜采用"低位水箱（池）和变频调速设备联合供水"的供水方式。在市政供水管网条件允许且不影响周边用户安全稳定供水的情况下，征得供水企业审查同意后，可选用管网叠压供水方式。二次供水设施的水箱（池）应设置消毒设备，消毒设备可选用紫外消毒器和水箱自洁消毒器等，其设计、安装和使用应符合国家及行业现行标准、规范的规定。

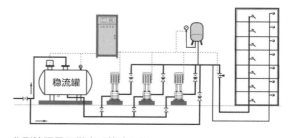

典型管网叠压供水系统流程图

W2-4-2 加强用户末端水质管理

1. 二次加压设施科学管理

应建立二次供水设施运行维护管理系统，对二次供水设施进行日常巡检、维护保养、设备维修、水池清洗等，运行维护数据要及时、准确、完整地记录。应定期对各类运行数据进行统计分析，并根据分析成果优化二次加压设施的管控模式。充分利用信息化手段实现二次供水设施的智能化巡检，由人工巡检为主过渡到人工巡检为辅的方式；未实现远程监控的，仍应采用人工分级巡检模式进行巡检。二次供水设施投入使用后，应加强水质的日常管理，定期进行清洗、消毒，确保用户端的水质安全与优质。

2. 科普标识避免错接混接

当建筑中水、再生水或海水入户的情况下，应特别注意标识各种管道，避免错接、混接，并且在公众中做好科普宣传工作。

W3

保量保压

W3-1

水源建设保障水量

市政供水的水量保障首先是水源保障，必须选择好取水的水源地，优选水量充沛的水源，需要特别关注极端气候条件下的水量变化；大型城市或存在较大变动风险的区域，需要具备独立且互为备用的多水源系统；要做好取水工程的设计与建设，保证取水工程设施的稳定可靠。

W3-1-1 水源优选确保水量充沛

给水水源的选择应以水资源勘察评价报告为依据，应确保取水量可靠和水质优良，严禁盲目开发。当水源为地下水时，取水量必须小于允许开采量。当水源为地表水时，设计枯水流量保证率和设计枯水位保证率应不低于90%，水源地必须位于水体功能区划规定的取水段。

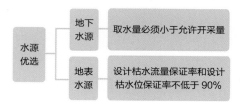

水源水量保证率

W3-1-2 取水设施建设稳定可靠

取水工程的设计规模应包括净水厂最高日供水量、厂外预处理用水量、水厂自用水量及原水输水管（渠）漏损水量。地下水取水构筑物的位置应根据水文地质条件综合选择确定。地表水取水构筑物的建设应根据水文、地形、地质、施工、通航等条件，选择技术可行、经济合理、安全可靠的方案。

在高浊度江河、入海感潮江河、湖泊和水库取水时，取水设施位置的选择及采取的避砂、防冰、避咸、除藻等技术措施，应保证取水水质水量的安全可靠。水库取水构筑物的防洪标准应与水库大坝等主要建筑物的防洪标准相同，并采用设计和校核两级标准。

岸上取水泵房采用开放式的前池和吸水井（进水池）时，井（池）顶高程也应按江心式、岸边式取水泵房的防洪标准进行设计。

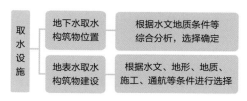

取水设施的建设要求

W3-2

应急备用多源储备

> 城市供水需要多水源保障，单一水源供水的城市应建设应急水源或备用水源，备用水源应能与常用水源互为备用、切换运行；针对不同类型的潜在突发污染风险，储备相应的应急净水处理技术及设备产品，确保及时应对；加强水厂及管网系统的设备应急投运能力，及时恢复供水。

W3-2-1 建设应急水源增加备用

市政供水应采用多水源供水的给水系统，并考虑事故时的相互调度。《室外给水设计标准》GB 50013—2018的第3.0.7条款规定，中等及以上城市的城镇给水系统应包括备用水源或应急水源及其与城镇给水系统的联通设施。

住房和城乡建设部制定了《城市供水应急和备用水源工程技术标准》CJJ/T 282，加强应急和备用水源的规范化建设。

多水源的相互调度

W3-2-2 储备应急净水处理技术

近年来，水源水污染事故频发。为有效应对突发水源污染事故，确保城市安全供水，变临时被动处置为提前主动准备，住房和城乡建设部城市建设司组织编写了《城市供水系统应急净水技术指导手册》，建立了由六类应急处理技术组成的城市供水应急处理技术体系：应对可吸附有机污染物的活性炭吸附技术；应对金属、非金属污染物的化学沉淀技术；应对还原性污染物的化学氧化技术；应对微生物污染的强化消毒技术；应对挥发性污染物的曝气吹脱技术；应对高藻水及其特征污染物（藻、藻毒素、嗅味）的综合处理技术等。储备这些应急净水处理技术及设备产品，当水源出现突发污染时，可以快速启动应急预案，制定并实施好应急处理处置方案。

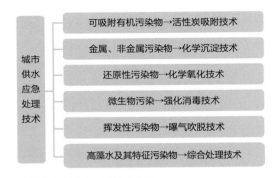

饮用水应急净水处理技术体系

W3-2-3 加强设备应急投运能力

水厂应设计为分系列运行，当某一系列发生故障时，其余系列仍可正常运行，不会造成水厂停产；机泵设备均应设有备用，某设备故障时，备用设备自动投运，不影响供水。

另外，按照《城镇供水管网抢修技术规程》CJJ 226—2014的要求，遇到供水管网出现事故时，按照要求进行抢修和应急供水保障，做到管网抢修及时，及时恢复城市供水。

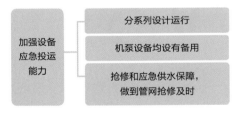

饮用水应急供水保障措施

W3-3

综合调度保障水压

> 供水管网既要具备足够的水压满足最不利点的用户水压要求，又要尽量降低整个管网的压力，以利安全运行，降低能耗与管网漏损；供水系统需要综合调度，通过泵阀联控技术稳定管网水压；通过二次供水设施管控为用户提供舒适压力；实施老旧管网改造，形成良好输配能力，保证供水合适的压力。

W3-3-1 泵阀联控稳定管网水压

管网水的压力随着用户用水量的变化和供水流量的调节而变化。将管网水压力控制在一定范围内，既可保证用户使用的舒适性，又可避免管网压力过高或者管网压力剧烈波动；既可降低管道渗漏的风险，又可避免管道系统发生水锤造成管道爆管的事故。

管网增压是通过水厂送水泵房或中途加压泵站的水泵加压实现的，要实现供水管网中的水压稳定，就要调节水泵的运行工况。泵房中应进行梯级泵搭配送水或采用变频调节输送技术调节送水量和水压，同时配以调节阀门或分区阀门节流进行泵阀联控；在整个城市供水系统进行综合调度，在保证最不利点位的水压满足要求情况下控制好管网系统的合理水压。

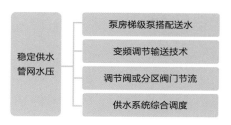

管网水压稳定方法

W3-3-2 二次供水保障舒适压力

二次供水设施的提标改造，不仅保障末端用户的水质，而且显著改善供水压力。二次供水系统供水压力按最不利用水点位的工作压力确定，水压充足且稳定。采用二次供水系统如叠压供水设备，通过恒压变频，替代原工作频率供水或高位水箱供水方式，低层设置减压调节阀，进户供水压力宜控制在0.15～0.2MPa，保证用水舒适度。

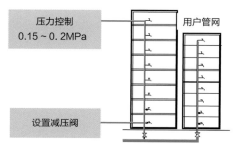

典型室内供水系统示例

W3-3-3 加强老旧管网适时改造

局部地区管网压力不足往往是因为管网个别管道陈旧、管道老化、内壁结垢，严重影响管道的输水能力，因此，应对城镇供水管网进行周期性排查与评估，对这些老旧失效的管道进行更新改造，保持供水管网良好输配能力。

根据《城镇水务2035年行业发展规划纲要》，供水管网年更新改造率一般不低于2%，对超出使用年限（原则上年限超过50年）、材质落后或不合格、受损失修、漏损严重、爆管相对集中的管道，以及影响管网水质的供水管网尽快进行更新改造，降低管网水质风险，使管网及时恢复功能，实现管网漏损率控制在10%以下，供水管网事故率控制在0.2件/（公里·年）。

W4

节水低耗

W4-1

节水节地循环集约

对水厂排泥水进行处理与利用，滤池反冲洗排水、初滤水等进行回收利用，推行排泥水处理的循环利用，有显著的厂内节水效果；水厂总平面尽量集约化布置，节省用地空间；采用高效处理工艺技术，节省用地与资源能源消耗；通过水厂建（构）筑物的叠合、组合布置方式，减少用地。

W4-1-1 排泥水处理循环利用

水厂排泥水包括沉淀池（澄清池）排泥水、气浮池浮渣、滤池反冲洗废水及初滤水、膜过滤物理清洗废水等。排泥水处理工艺流程可根据水厂所处环境、自然条件及净水工艺确定，由调节、浓缩、平衡、脱水及泥饼处置工序或其中部分工序组成。除脱水机分离水外，排泥水处理系统产生的其他分离水，可考虑回用或部分回用，这样可降低水厂的单位自用水率，排泥水经过妥善处理后，可实现排泥水的循环利用。

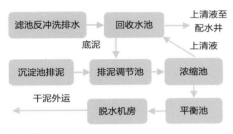

典型排泥水处理流程示例

W4-1-2 水厂总平面集约化布置

水厂总平面集约化布置，节省用地。净（配）水厂的总平面布置应以节约用地为原则，根据水厂各建筑物、构筑物的功能和工艺要求，结合厂址地形、气象和地质条件等因素，使平面布置合理、经济、节约能源和用地，在便于施工、维护和管理的基础上布置紧凑。

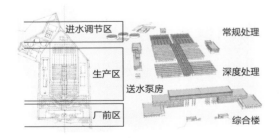

案例：某水厂平面布置方案示意图
生产区各构筑物紧凑布置，厂前区集约化布置，且和送水泵房合建在一起。

W4-1-3 高效水处理工艺技术

考虑采用高效处理工艺技术，如高效池型和工艺系统，可以节省用地。例如，目前采用较多的高速澄清池（Densadeg、Multiflo、Actiflo）和高速滤池等，占地面积可以明显缩小。

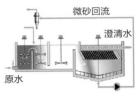

常见的高效池型和工艺

W4-1-4 建（构）筑物叠组合布置

水厂建（构）筑物叠合、组合布置，可以减少用地。生产设施根据工艺特点集中布置，在保证水力流程顺畅，节约能源的前提下，可采用叠池布置、组合式布置等集约化布局。管理和生活服务设施集中布置，减少生活区的占地面积。

案例：某水厂，絮凝沉淀池与清水池叠合布置

案例：某水厂净水间混合絮凝池、沉淀池与超滤膜池等组合布置在一净水间内

W4-2

节能省药绿色低碳

供水系统最大的能耗是电耗，其中水泵耗电量最大，降低供水能耗，首先要利用水泵（站）节能技术，控制好水泵电耗；运用管阀节能技术，例如内壁光滑、输送能力强的绿色管道，摩阻小、流通能力大的阀门；合理选用混凝剂和消毒药剂，应用智能药剂投加系统，降低药耗；利用光伏发电等补充电力供应。

W4-2-1 开发泵站节能降耗技术

利用泵站节能技术可实现节能降耗。例如，通过优化泵站的设计及水泵机组的选型，以及应用调速设备，提高水泵效率（水泵叶轮切削技术、三元水泵叶轮技术、新型涂料应用、调节阀门开度等）；通过应用水泵机组的自动控制及节能软件，提高水泵机组运行效率；建立泵站和控制阀门相结合的优化调度模型，建立模型将供水能量费用添加到阀门控制目标函数中，综合考虑供水管网中泵站和控制阀门的调度。

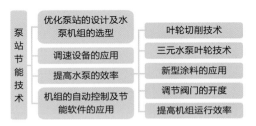

泵站节能降耗技术

W4-2-2 运用管阀节能降耗技术

管道作为水的输送动脉，内壁应光滑，以减小流动的水头损失，降低水泵扬程和电耗。应合理选择输、配水管道的管材，并做好管道内防腐。旧管道要适时更新、改造和修复，恢复输送能力，同时达到节能目的；输、配水管网应经过水力模型反复优化，选择最佳的设计方案。

科学设置给水管网中的控制阀门。宜选用过阀水头损失小的阀门，尤其是水泵后的止回阀，如全通径的液控蝶阀、锥形阀等。采取阀门节能措施，通过管网的压力调控，优化水厂的加压压力，可实现管网压力的时空均衡。另外，还应结合其他设备的选取节能降耗。

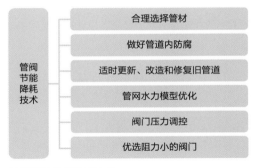

管道阀门节能降耗技术

W4-2-3 合理使用混凝消毒药剂

1. 合理使用混凝剂

常用混凝剂有聚合氯化铝、硫酸铝、三氯化铁、硫酸亚铁、聚氯化铁、聚氯化铝铁等。混凝剂的选择与水质条件密切相关，需要从经济与技术两方面进行系统比较。应结合原水水质情况，在通过烧杯搅拌试验系统比较的基础上选择混凝剂。在生产运行中，混凝剂的投加要做到自动优化控制。投加量控制方法有数学模型法、流动电流法、透光率脉动检测法和絮凝颗粒显微观测法等，各种方法均具有各自的特点和适用场景，应根据具体水质情况进行选用。

2. 合理使用消毒剂

常用消毒剂有液氯、次氯酸钠、氯胺、二氧化氯、臭氧、紫外线等。在选择消毒剂时，需要将消毒过程中的微生物风险和化学风险进行比较，找到一个平衡点。不能只考虑微生物风险而不顾消毒副产物的化学风险，更不能只考虑消毒副产物的化学风险而不顾及微生物风险。由于不同消毒剂的消毒效果和特点不同，对于特定的原水水质和水处理工艺条件，必须根据实际情况，如水中有机污染程度和种类、溴离子含量、有无预氧化、有无深度处理等选择合适消毒剂。

药剂使用

W4-2-4 开发智能投加药剂系统

混凝剂、消毒剂的投加，尽量采用自动控制的模式，目前成熟的方法有流量比例法、复合环流、负反馈法。应结合智慧水厂的建设，摸索出一套智慧加药自动投加系统平台，降低药耗。

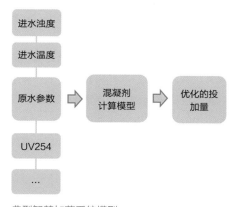

典型智慧加药系统模型

W4-2-5 光伏发电补充传统能源

太阳能是最易于利用的可再生能源。可根据地区日照条件、市政电力供应情况，在厂站设计中有针对性地进行光伏发电系统配置设计，充分利用可再生能源，定制运行策略，结合厂区总图布置、构筑物池体构造、建筑物建筑效果、发电容量需求等，选择适宜的光伏设备，实现建筑光伏一体化，并达到发电效率、利用率最大化，从而降低传统电力能源的供应，低碳节能。

光伏发电系统的构成形式有并网系统和独立系统两种。并网系统通过逆变器的输出电压可直接并入厂区配电的交流配电柜，与电网提供的市电共同供给厂区用电设备使用；独立系统属于独立发电系统，适用于没有配电到达或地域地形复杂电力难以到达的地区及一些光伏产品。

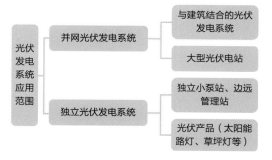

水厂空间光伏发电的应用

W4-3

控制漏损提高质效

加强公共供水管网漏损控制，构建精准、高效、安全、长效的供水管网漏损控制模式，提高水资源利用效率；采用压力管理的主动控漏方法，推进供水管网压力调控工程；实施供水管网分区管理，有效提高供水系统管理水平和效益；完善供水管网管理制度，提高运行维护管理水平，控制漏损，提高质效。

W4-3-1 采用压力管理主动控漏

1. 采用压力管理的主动控漏方法

压力管理即在保证用户正常用水的前提下，通过加装调压设备，根据用水量调节管网压力为最优的运行条件。若管网压力过高，即使积极采取主动检漏、修补漏点的措施，也无可避免地会不断出现新的漏点，造成"补老漏出新漏"的恶性循环。采取压力管理方法，确保供水管网满足用户压力需求的前提下降低管网的富余压力，可显著降低管网由于压力过高增加漏失的频率，另外，压力管理还可以有效降低爆管事故发生的可能性，延长管道的使用寿命。因此，压力管理方法被认为是一种减少供水管网漏损最为快速、有效的主动控漏方法。

2. 准确定位给水管网漏点及事故点

与数据采集与监视控制（简称SCADA）系统数据接口，通过实时水力计算模拟发现管网中实测压力与计算压力不符的节点或者区域。在管网模型足够准确的情况下，这种情况可能表明在该处存在着较为严重的漏水甚至是管道断裂现象，以此发现管网中潜在的漏水点（或区域）和事故管段。

压力管理主动控漏方法

3. 应急抢险降低水量损耗

准确定位管漏点或事故点后，按照供水管网抢修应急预案，根据管道损坏所影响的供水范围、管道属性、停水时间、抢修难易程度、经济损失和社会影响等因素分级处置，供水管网的管道切割和管道更换抢修作业要快速，降低水量损耗。

W4-3-2 实施供水管网分区管理

分区计量管理（简称DMA）是指将整个城镇公共供水管网划分成若干个供水区域，进行流量、压力、水质和漏点监测，实现供水管网漏损分区量化及有效控制的精细化管理模式。分区管理将供水管网划分为逐级嵌套的多级分区，形成涵盖出厂计量-各级分区计量-用户计量的管网流量计量传递体系。通过监测和分析各分区的流量变化规律，评价管网漏损并及时作出反馈，将管网漏损监测、控制工作及其管理责任分解到各分区，实现供水的网格化、精细化管理。分区计量管理是提高供水管网漏损控制效率的先进技术与管理手段。

分区计量管理可以依据住户数量的多少分为大型、中型和小型三种规模，按照管线类型又可以分为输水管分区计量管理、配水管分区计量管理、层叠式分区计量管理三个层次或类型。供水管网分区域管理，可以有效地提高供水系统管理水平和效益，解决我国供水行业中的一系列问题，有效地进行漏损控制，实现管理的科学化和现代化。

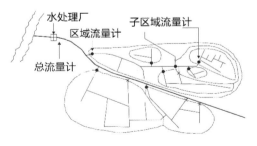

分区计量管理分区示意图

W4-3-3 完善供水管网管理制度

建立从科研、规划、投资、建设到运行、管理、养护的一体化机制，完善制度体系，提高运行维护管理水平。推动供水企业将供水管网地理信息系统、营收、表务、调度管理与漏损控制等数据互通、平台共享，力争达到统一收集、统一管理、统一运营。鼓励各地结合实际，积极探索将居住社区共有供水管网设施依法委托供水企业实行专业化统一管理。供水企业要进一步完善管网漏损控制管理制度，规范工作流程，落实运行维护管理要求，严格实施绩效考核，确保责任落实到位；加强区域运行调度、日常巡检、检漏听漏、施工抢修等管网漏损控制从业人员能力建设，不断提升专业技能和管理水平。

```
完善供水管网管理制度体系
├─ 各系统数据互通、平台共享管理制度
├─ 完善管网漏损控制管理制度
├─ 加强从业人员能力建设管理制度
└─ 社区共有设施委托供水企业统一管理
```

供水管网管理制度示例

W5

自然生态

W5-1

适应场地现状特征

场地内现状自然环境各具特征，对现状地貌、河湖水系、历史遗存的保护与尊重是可持续设计的根基；景观布局要尽可能保护自然、顺应自然，尊重场地现状特征，采用最小干预的设计理念与方法；通过景观布局设计，最大限度地适应场地现状特征，实现人与场地、人与自然的和谐共生，体现不同地域文化特征。

W5-1-1 保护顺应原有地貌特征

场地现状为山地、丘陵等地貌特征时，景观布局应采取最小干预原则，宜保护及顺应原有的地貌，减少对地表形态的破坏。建筑物、园路、广场等应顺应现状的高程，因山就势，减少土石方工程量，力求场地内土方自平衡，节约工程造价，同时减少对生态环境的扰动，充分结合海绵城市设计理念，营造具有自然特征的生态环境。

保护顺应原有地貌特征

W5-1-2 保护利用原有水网肌理

场地现状为河湖水系时，宜保护及利用原有水网肌理，减少对自然生境的破坏。河湖水系、坑塘、鱼塘生态斑块星罗棋布，是自然环境最主要的生态本底特色，对于自然生境的保护、动植物多样性的保护有着重要的意义。在景观布局中应该遵循最小干预原则，保护和利用现状的水系、湿地、鱼塘等，园路及休憩场地宜环水布置；对于被污染的水体场景，宜设计建设为湿地环境系统，净化水质，恢复河湖湿地自然生境。

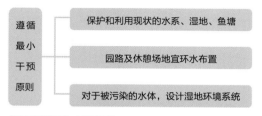

保护利用原有水网肌理

W5-2
营造绿色健康环境

做好水厂的景观设计，营造绿色健康环境；厂区景观设计直接影响整个生产环境，通过应用绿色植被，增加厂区绿化面积，改善生态环境，提高厂区人们的生活环境质量；景观设计理念将建（构）筑物融入自然环境，构建人与自然生命共同体；通过提高厂区绿化用地覆盖比例，建设花园式水厂或泵站。

W5-2-1 建（构）筑物融入自然环境

绿色供水应充分考虑到供水设施对于资源和环境的影响，将建（构）筑物与周围环境融于一体，尊重自然、顺应自然、保护自然，推动构建人与自然生命共同体。具体措施如下：

（1）给水系统建设中，推行低影响开发措施；合理控制开发强度，减少对城市原有水生态环境的破坏；留足生态环境用地。

（2）厂区中的建筑物和构筑物与周边环境相适应，力争增添亮丽的一笔。创造优美、宁静的厂区环境，使厂区布局合理、环境优美、景观寓意丰富，处处体现以人为本的宗旨。

（3）生产区通过防护性植物的栽植，将有毒有害气味的区域与生活区隔离。水池周围尽量采用常绿植物，避免落叶对水体污染。

（4）景观绿化面积的加大可有效减少地表水径流量，减轻暴雨对城市运行的影响。

W5-2-2 提高绿化用地覆盖比例

在不同的生产区域，绿化和生产的需求密切配合，在不破坏地下建筑物和各种管道线路的前提下，多种植绿色树种，加大厂区绿化率。

另外，水厂清水池占地面积较大，它的表面以及护坡的绿化也成为水厂厂区进行绿化的一个组成部分。在水厂可采用清水池顶全面绿化、建筑物屋顶绿化和垂直绿化等措施，提高绿化用地的覆盖率，将水厂打造成一座生态园林形象的花园水厂。

案例：某水厂方案图
建筑群运用"回归式"处理方式，采用种植屋面，外墙垂直绿化，
建筑绿化与场地内部绿化融为一体，建筑与环境和谐共生。

提高水厂厂区绿化率措施

W5-3

控制环境污染风险

水厂、泵站在生产过程中会产生一定的废气、废水和废渣，必须重视这些"三废"有可能产生的污染或健康风险；场站在施工建设过程中也会带来一些污染，另外机电设备也会产生噪声等，要采取适当的措施妥善地防止这些污染；要控制好这些污染或健康风险，使水厂、泵站和周围环境和谐共生，自然生态。

W5-3-1 大气水体固废污染控制

1. 大气污染控制

生产工艺采用的预臭氧及主臭氧均应采用封闭结构，安装专门设施对臭氧尾气进行分解，安全排放。食堂厨房排气应安装油烟净化器。排泥水处理脱水机

房宜置于房间内，避免对周围环境的影响。液氯消毒的水厂或泵站内，应做好氯气泄漏的防护措施，如漏氯吸收装置。水厂的加酸（尤其盐酸）车间，应有酸雾回收及防止溢出装置的措施，防止腐蚀设备及污染大气。

2. 水污染控制

絮凝沉淀池或澄清池排泥、滤池反冲洗废水均需处理，澄清出来的上清液可进行回用，底泥应脱水，制成含水率降至80%及以下的泥饼，外运填埋或进行无害化处理，产生的废水可排入厂区周边市政污水管网。生活污水包括厨房污水需经隔油池隔油处理进入厂区污水管道，然后排入市政污水管网。没有市政管网时，厂内应设置小型污水处理站，处理达标后就近排入水体。

3. 固体废物污染控制

生活垃圾及时清运，泥饼等需妥善处理处置。

W5-3-2 噪声施工期间污染防护

1. 噪声污染防护

水厂取水泵房和配水泵房的设备均应安装在室内或地下，并按照有关规定限制设备噪声分贝数。水泵等设备，噪声应控制在85dB（A）以下，防止对周围环境造成噪声污染。滤池冲洗设备和脱水设备均应安装在室内，按照有关规定严格限制设备噪声分贝数，并需加强整体的隔声能力（包括侧墙、楼板、门窗等物件）和必要的隔震措施（包括设备机座和管道），泵站场界噪声可降到45dB（A）以下。工程设计力求在满足生产功能的前提下尽量减少大面积的路面铺装，在体现建筑风格并与周围环境协调的原则下，绿化美化水厂，最大限度保持植被总量。

2. 污染防护

工程建设时为尽量减缓施工噪声对周围产生的影响，施工单位要合理安排施工时段，尽可能避免大量噪声设备同时使用，鼓励及奖励采用静音型设备。施工现场应定期洒水，防止浮尘产生。运输车辆出场应冲洗轮胎，减少扬尘。遇有四级以上大风天气，应停止土方施工，做好遮盖工作。建筑垃圾和生活垃圾要及时清运，不得随意堆放。拟建区域内须同期建设集

中的垃圾储运系统，统一分类收集日常生活垃圾后，清运出项目区外进行处理处置。

减缓施工噪声的影响

定期洒水，防止浮尘

车辆出场冲洗轮胎除尘

大风天气停工遮盖防尘

垃圾及时清运

施工期污染防控措施

W6

智慧供水

W6-1

构建智慧服务平台

智慧供水水务服务平台可从水务数字化、信息化入手，立足现状，强调实时感知、全面整合、智慧应用和协同运作，运用物联网、云计算、大数据分析、三维实景技术、SOA（面向服务架构）等技术，构建新一代供水水务综合信息管理平台，可实现系统融合、资源共享的目标，与各种高新技术融合发展。

W6-1-1 构架服务平台智慧供水

构架智慧供水服务平台，运用云计算、物联网、软硬件集成等技术，整合供水业务中水源地监控系统、水厂监控系统、管网压力监测系统、消火栓远程监控系统、取水栓远程监控系统、远程抄表系统、泵站监控系统、二次供水系统等多个系统统一到平台，实现各个系统的信息交互、信息共享、参数关联、联动互动，独立共生。每个系统既可以独立运行，又保证数据和信息的互联互通；同时根据运营实际情况进行参数积累、习惯性分析报表等，达到平台技术结构的智慧化。智慧供水水务平台从水务数字化、信息化入手，立足现状，强调实时感知、全面整合、智慧应用和协同运作，实现智慧供水。

W6-1-2 实现水务行业融合发展

以云计算、大数据、物联网和移动物联网等高新技术为支撑，通过信息资源整合、优化结构、创新商业模型和优化管理流程，提升用户服务水平和精细化管理支撑能力，打造全面感知、广泛协同、智能决策、主动服务的"智慧水务"，实现生产数字化、管理协同化、决策科学化、服务主动化，实现水务行业各种高新技术的融合发展，使城市供水信息化水平保持在行业领先水平。

典型供水服务平台系统组成

水务行业融合发展愿景

W6-2

全流程数字化管控

　　新型数字技术助力传统水务行业升级，以新一代信息技术为手段，实现生产、运行、维护、调度和服务等，全方位、全过程各环节的高度信息互通、反应快捷、管理有序，以及高效节能、绿色环保、全流程数字化管控供水过程；大力建设数字孪生水厂和泵站系统；采用高新技术，融合发展，助力智能运维。

W6-2-1 建设数字孪生水厂泵站

　　建设数字孪生与仿真平台，基于"一网统管"的框架和"智慧水务"的理念，对水厂或泵站的构筑物、生产设备、管路系统及附属设施进行超精细三维数字化复原，利用游戏引擎实现水厂内1∶1三维数字孪生，构建与现实水厂一致的数字孪生水厂和泵站。

　　实现水厂和泵站全要素的数字化和虚拟化、全状态的实时化和可视化、运行管理协同化和智能化，从而形成物理维度上的实体世界和信息维度上的虚拟世界同生共存、虚实交融的水厂和泵站管理新模式。

　　系统包括运行监视、水质监控、安全管控、调度仿真等多个模块，通过数字化分析演算可向管理者进行多种虚拟方案反馈，达到管理精细化、生产智慧化、角色科学化、运维高效化的目标。

案例：某孪生水厂管理平台截图

W6-2-2 高新技术助力智能运维

　　借助以云计算、大数据、人工智能和5G为代表的高新技术，实现资源优化配置、系统高效运行。通过数字孪生技术、物联网感知设备，构建涵盖供水业务全链条的数字孪生体，探索智慧供水设施运维管理的新模式。通过水务数字孪生，将水源、水厂、泵站、管网等设施精准地映射在计算机中，再利用数据分析、模型模拟等技术，实现对设施的仿真交互、故障预测等，为运维管理、事件处置的评估决策提供强有力的支撑。

　　通过水厂生产自动化控制技术、无人机技术、图形识别技术、语音识别技术、机器人技术的应用，实现生产现场的无人值守状态；通过信息化建设，建立数据中心，搭建智能化的子模块，逐步实现水厂单设备、单系统的智能化控制；实现数据共享和数据挖掘；实现一人调度、总览全局的"一人值守"状态。在减少生产运行人员的同时，通过信息化手段科学地进行设备管理，精简和优化水厂维修技术人员，达到提高工作效率，降低劳动力成本，保障供水可持续发展的目的。

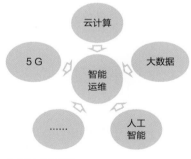

高新技术的运用

S̄

S1–S6

污水系统

SEWER

S1 全量收集	S1-1	精细设计收运保障
	S1-2	全面摸底补齐空白
	S1-3	系统排查精准修复
S2 水量再生	S2-1	优化布局用排结合
	S2-2	因地制宜分类利用
	S2-3	生态改善水源保障
S3 水质安全	S3-1	城镇污水达标处理
	S3-2	氮磷物质深度去除
	S3-3	难降解有机物去除
	S3-4	新污染物全程控制
	S3-5	水质安全环境生态
S4 低碳低耗	S4-1	排水管网低碳运维
	S4-2	污水处理过程诊断
	S4-3	合理控制药剂投加
	S4-4	降低动力消耗成本
S5 资源回收	S5-1	资源化能源化路径
	S5-2	高值物质循环利用
	S5-3	能源高效转化利用
S6 环境融合	S6-1	突发污染留有冗余
	S6-2	多种功能融合共生
	S6-3	设施衍生价值外延

S1

全量收集

S1-1

精细设计收运保障

市政污水管网的科学规划与设计建设是污水全量收集的基础保障，需要作好系统谋划，近远结合，根据地域及降雨特征，选择合适的排水体制及工程实施模式，精准设计且高质量施工，建设符合标准要求的排水管线及附属设施，避免雨水与污水管道的混接、错接。

S1-1-1 加强管线统筹规划建设

加强市政排水管线规划建设的系统性。建立全域化、智能化的管理体系；加快配套排水管网设施的建设，加大服务区域截污纳管力度，扩大污水收集范围，做到能纳则纳、应纳尽纳；新建排水设施实施雨污分流，老旧设施因地制宜地实施雨污分流改造等措施，提升污水收集效率。

S1-1-2 因地制宜选择排水体制

不同城镇不同地区，是采用分流制、合流制或二者结合的方式，应根据当地的气候特征、地形特征、水文条件、水体状况、原有排水设施规模及规划建设等因素，综合考虑后确定。

分流制系统禁止雨水、污水的混接，合流制系统可采取快速处理等方式强化溢流污染控制。

S1-1-3 保障管线设计施工质量

设计阶段，应根据地质条件选择管道基础。管径根据排水量、流速和设计充满度计算确定；坡度则根据排水量、流速、地形等综合确定；覆土深度根据管材强度、外部荷载、土壤冰冻深度及土壤性质等确定。污水管道和合流管道应采取承插式柔性接口，充分考虑外力的影响。

提高排水管线系统施工建设水平。施工过程中应确保管材选择适宜，安装尺寸合理及管件接头处理得当，要特别注意回填过程的施工管控；培训和增强施工人员的质量意识和安装技能，以及各工种间的配合度；强化施工过程的监理监督，并严格按照质量标准要求进行工程验收。

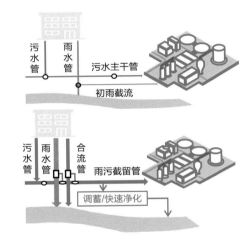

不同排水体制选择

S1-1-4 预留接驳避免错接误接

系统梳理源头排水情况，针对不同类型的排水管道合理设计与市政排水管道的接驳口。在对公共排水设施正常运行造成影响的排污接驳前，须按照规范设置相应处理设施，并定期维护与管理。市政排水管道接驳应确认管道的输水性质。

经过排查发现管道中存在地下水大量进入的现象时，应及时处理。施工工地降水提前报备审批，经过快速净化后可以接到雨水管网中；定期对接驳口水质水量检查，杜绝偷倒、乱倒污水的现象，做到雨水与生活污水不混接和错接。

S1-2

全面摸底补齐空白

全面排查和摸清既有排水管网的底数及运行状况,为排水管网完善及动态管理提供技术数据基础;有效收集排水管线基础信息,力争准确测定、核定当地居民的人均日产污量,科学评估现有排水管线的污染物收集与转送能力;推动排水管网消除空白区,做到全覆盖全收集。

S1-2-1 基础信息动态收集管理

结合地理空间等信息,全面系统地梳理排水管线及附属设施的基础地理信息、涉水污染源、雨污混接点、管道及检查井缺陷、入流入渗、管网过流能力等设施运行数据,构建综合信息管理一体化集成系统,实现信息浏览与查询、空间可视化及分层分类管理模式。

完善管线信息的查询、报送、收集、处理及入库工作,新建或改造工程竣工之后及时移交入库,确保数据更新,为动态管理提供技术基础。

S1-2-2 准确测定污染物产生量

有条件的代表性城市和地区,可依据中国城镇供水排水协会团体标准《城镇居民生活污水污染物产生量测定》T/CUWA 10101-2021,逐步开展居民人均日生活污水污染物产生量的测定工作。重点关注季节变化、居民生活习惯、地理环境等因素对生活污水污染物产排水平的影响,掌握可表征现阶段我国居民实际生活水平的人均日污水排放量、人均日污染物产生量等基础数据,为城镇排水设施的建设提供支撑。

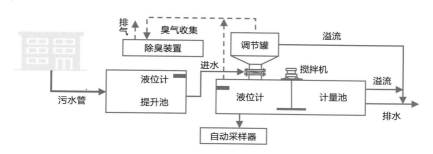

居民人均污染物产生量测定系统示意图

S1-2-3 科学评价污水收集能力

即使完全按设计条件运行的污水收集管网,也无法避免污染物衰减转化的现象,这已经成为共识,因此,科学评价现状污水管网的收集能力是十分必要的。

这就需要结合国内外先进研究成果,分析不同污水管道类型、材质和设计参数下的污水污染物衰减转化规律,明确不同赋存形式的有机物、氮、磷等污染物的衰减(变化)规律和主要影响因素;在有条件的地区选择代表性管段开展模拟试验,识别导致污水污染物浓度降低的关键因素和主要节点,测定管道沉积以及河湖水、地下水、施工降水、污水处理厂尾水等非生活污水排入对污染物浓度衰减的影响及作用比例。

结合不同区域城镇污水收集管网的建设运行情况,通过获取区域内居民生活污水污染物产生总量、系统末端污水处理厂总量、输送过程沉积衰减量及非生活类污水排入的稀释和氧化衰减量,准确测算污水收集管网的运行效能,科学评价其污水污染物收集能力。

S1-2-4 消除已建区域管网空白

根据空白区位置特征、范围大小,污染物排放对水环境影响程度等因素,结合城市更新及城乡接合部改造的近远期实施计划,统筹兼顾空白区具体排水设施现状,明确城乡接合部及老城区的施工条件,突出溯源查污、高效截污、精准治污,以逐步达到建成区内管网全覆盖、污水全收集、全处理的目标。评估论证后，如有必要，还需原位就近增设管道和污水处理设施。

S1-3
系统排查精准修复

> 需要结合地域特征与发展需求，建立排水管网效能评估诊断指标体系，加强能力建设，提升运行效能评估诊断能力；针对排水管网类型及结构特征，选择适宜方法进行管网排查，定位排水风险点；准确识别排水管线缺陷点位及性质，采取措施修复管线缺陷。

S1-3-1 系统运行效能诊断评估

提升排水管网的运行效能诊断评估能力。针对不同水位、不同区位的排水管网系统，形成全面、科学、完整的排水管网检测诊断体系。管网效能分为结构属性、服务功能、运行工况、运维管理等主要方面，在各主要方面中根据评估目的侧重筛选代表性指标，根据相关法律法规及标准要求、评价内容、开展方式等进行指标权重分配，建立排水管网效能评估诊断指标体系。通过排水管网效能评估诊断指标体系的建立与应用，实现对排水管网问题的快速识别及评估。

S1-3-2 管网无损排查精准定位

根据具体情况，合理选择管道闭路电视检测系统（CCTV）、管道潜望镜（QV）、雷达、声呐、光纤测温及水流取样、存储等检测手段和工具，在地下空间隐蔽输送介质透明度低的场景下，检查排水管网内的底泥淤积、破损、塌陷、异物入侵等功能性和结构性缺陷，并结合示踪法、特征因子、水量平衡等方法识别外水侵入、管道水外渗等风险点，提出相应的针对性治理措施。

S1-3-3 修复管网结构功能缺陷

在排水管网排查的基础上，根据管网存在的结构性缺陷或功能性缺陷等问题，采取具有针对性的工程措施改善管网输水能力。

排水管网结构性缺陷包括破裂、变形、错位、脱节、渗流、腐蚀、接口材料脱落、支管暗接、异物穿入和起伏等管体本身出现损伤的情况，分析缺陷对结构使用性能的影响，可采用更换管道、预处理加固、管道内衬、添加外防腐层等工程措施。

功能性缺陷包括杂物沉积、结垢、障碍物、残墙与坝根、树根、浮渣等影响排水管道过流能力的情况，主要采取水力和转杆等疏通清洗措施。掌握其缺陷的分布状况和程度，综合考虑有效性、长期性，可靠性、安全性和预算条件确定最适合的修复方案。

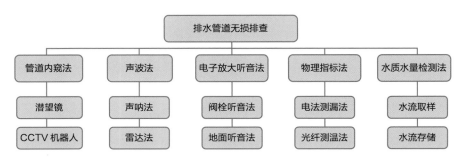

管道无损排查方法

S2

水量再生

S2-1

优化布局用排结合

> 排水设施的规划及规模布局应将城镇污水资源化利用作为重要因素来确定，统筹城市与乡镇发展，统筹地表与地下开发，合理运用市场机制，集中再生利用为主与分散再生利用为辅相结合，实施多目标多等级的规模化再生水利用。

S2-1-1 科学确定设施规模布局

排水设施的布局与建设需要提升到区域统筹规划、流域统一协调的高度。区域内将统筹收集管网建设，有条件的地方可进行互通互联，为区域层面的联合调度和协调做基础；流域层面，应结合污水资源化利用，制定分目标的污水资源化战略规划及分阶段实施计划，合理衔接污水管网建设与资源化利用需求，集中再生处理方式以景观环境用水和工业利用为主，分散式宜采用就近集中联建、就近处理、就近利用的方式，充分利用现有设施，推动污水资源化综合试点建设、实施多目标多等级的再生水利用。

S2-1-2 城乡一体统筹布局发展

在持续推动城镇污水处理提质增效，完善再生水、集蓄雨水等非常规水源利用系统的基础上，统筹布局县城、中心镇、行政村基础设施和公共服务设施，促进城乡基础设施和公共服务联动发展，防止直接采用城市的手法规划建设乡村，形成城乡有别、城乡互补、各美其美的人居环境。实现城乡建设绿色发展，环境品质全面提升。

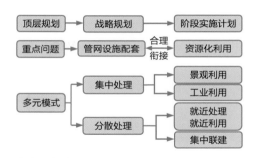

设施布局与处理模式

城乡一体统筹布局

S2-1-3 地表地下空间存储调控

协调地表水与再生水利用水质要求，充分利用城市水体及城市周边断流河道、干涸湖塘等地表水体存储调蓄再生水，促进活水循环，重现碧波荡漾，鱼翔浅底的景象；监测地表水量、水质、水面、水位及生物变化情况，保障河湖地表回灌地下水的安全性；推动形成再生水地下回灌补充地下水的技术标准、规范和应用试点，通过储水含水层系统的有效性和可持续性管理，科学、严格地控制健康、安全和环境风险，地下含水层可作为季节性或长期的水资源储存库，用于应急和其他水资源；在确保安全及规范的前提下，形成地表-地下空间协同互补、储存调控再生水资源模式，达到增加地下水资源量、缓解水位持续下降、净化水质、改善生态环境的目的。

S2-1-4 合理引入多元市场机制

应建立鼓励和扶持污水再生利用的财政、税费优惠措施，利用财政补贴、信贷贴息、税费减免等经济杠杆，引导和支持再生水生产和运营企业提供优质服务，建立科学合理的定价机制及调整模式；探索与制定因地制宜的投资模式与市场机制，建立多元化投资与运营机制,通过特许经营等多种商业模式,引导社会资金的投入。

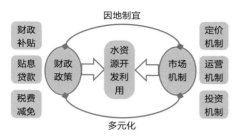

多元市场投资运营机制

S2-2

因地制宜分类利用

我国幅员辽阔,不同地域的城市水资源和水环境状况差异明显,需因地制宜,合理利用自然环境条件,通过再生水的分质分级规划利用,促进再生水的差别化与高效利用,并充分利用现有河渠进行再生水的输送和区域分质分级利用。

S2-2-1 因地制宜制定利用方案

根据本地水资源和水环境状况,合理确定再生水利用的规模,制定促进再生水利用的差别化方案与措施。合理选择重点领域和利用途径,实行按需定供、按用定质、按质管控,可因地制宜地用于景观生态环境补水、农林牧渔业、城市杂用、工业生产、居民生活环境等不同途径。

S2-2-2 合理利用现有河渠输送

再生水输配管道运力不足严重限制了再生水的规模化利用。对于采用开放式输送途径亦可满足水质要求的利用分类,如生态补水、景观环境、地下水回灌、市政绿化杂用等,可充分利用现有河渠输送,包括河渠单独输送、河渠与管道混合输送等模式。设计输送方案应充分调查再生水供水设施布局与规模、用户布局与用水要求、河渠水系特征和功能属性后确定,沿途可设置取水、提升、净化、安全防护等设

施,保障河渠的再生水输送、沿途二次供水、循环调蓄、生态调节等功能的实现。

S2-2-3 分质分级实现优水优用

实施以需定供、分质用水,严格执行国家规定水质标准,制订修订污水资源化利用分级分质、评价监管等标准,以工业利用和生态补水为主要途径,推进区域污水资源化循环利用;优先将达标出水就近回补自然水体;工业企业、园区应与城镇再生水生产运营单位密切合作,规划配备管网设施,将再生水作为工业用水的优先水源、第一水源;推进工业废水循环利用,促进工业园区企业内和企业间用水系统集成优化,实现串联用水、分质用水、一水多用和梯级利用。

S2-3

生态改善水源保障

景观生态环境补水、自然生态环境储存是再生水的重要利用技术路径;应建立再生水地表补水利用全过程的技术支撑与监管体系,强化再生水的区域循环利用与生态安全保障,修复城镇及周边的河湖水系,保障水系的健康与生态功能,有效补充河湖水资源量。

S2-3-1 加强再生利用生态安全

需要建立完善的水质、水量监测系统,从风险预警、风险管控等方面建立完善的风险管理体系及针对污水再生处理系统的应急管理预案。监测系统宜覆盖再生水厂总出口、再生水补水点和受纳水体地表水监测断面等位置;监测项目重点关注感官类指标与有机物、氮磷、余氯、病原微生物、重金属等水质指标,也需关注新污染物指标、生物综合毒性与生态效应指标等。

完善实施工业废水清退机制,按照工业废水性质分类排查评估认定,对于认定不能接入城镇污水处理厂的应限期退出,确保出水水质生态安全。强化城镇污水处理厂高品质出水补充再生水的水质安全,科学构建城市再生水景观补水的安全评价指标体系和水体

富营养化控制指标体系；强化再生水中重金属、有毒有害物质、新污染物和前体物对城市水体的生态利用风险和健康状况影响分析；强化污水再生处理技术升级与优化组合，全面提升再生水水质。

S2-3-2 修复城市河湖水系功能

可采取河滨缓冲带和生态护岸、水生植物复合净化等水质净化技术，生态清淤、原位植物及微生物修复等底泥污染控制技术，以及水生植物群落恢复技术进行城市河湖水体的综合治理；针对城市河湖水系基流缺乏，河流闸坝密集、水量时空分布不均衡等问题，可基于水环境容量和河流生态基流核算，统筹区域调水与生态补水，实现城市水系水量整体构建；针对生态多样性与生物稳定性不足等问题，可采取鱼类群落控制与食物网调控、大型底栖动物恢复与食物网调控、浮游动物恢复与食物网调控、外来物种清除等技术手段进行综合治理。

S2-3-3 实现区域资源循环利用

在一定区域内统筹用于生产、生态、生活的污水资源化利用，缓解区域水资源供需矛盾，改善水生态环境质量。为了实现区域资源循环利用，需在规划布局，强化污水处理厂运行管理，因地制宜建设人工湿地水质净化工程，完善再生水调配体系，拓宽再生水的利用渠道与加强监测、监管等方面不断完善理论研究，推进项目落地。

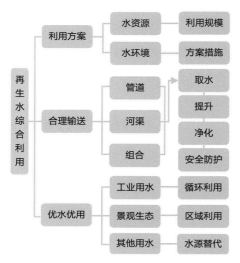

再生水输送模式与主要利用途径

S3

水质安全

S3-1

城镇污水达标处理

城镇污水处理厂出水水质的稳定达标是水质安全的前提，需要在明晰污水处理系统运行特性的基础上，强化和提升工艺全过程及各功能单元的运行效能，突出预处理的保障作用、生物处理的核心作用和深度处理的把关作用，着重氮磷深度去除，兼顾新污染物和色度去除，为资源化能源化利用创造条件。

S3-1-1 探明污水系统运行特性

通过工程调研分析、试验观测与工程验证，明晰城镇污水处理系统从产生源头到接纳水体各环节的工程运行特性、作用机理和影响因素。在城镇污水收集输送环节，多重物化、生化协同作用下主要污染物转移转化过程引发的碳源损失、水质波动、惰性悬浮固体（泥砂）进入等现象，会导致后续生物处理系统的活性污泥产率大幅度升高、混合液挥发性悬浮固体占比MLVSS/MLSS大幅度降低。污水生物处理工艺系统功能微生物菌群结构与功能区分布及运行条件密切相关。

S3-1-2 强化预处理功能单元

根据我国城镇污水处理厂进水颗粒物和缠绕物多、碳氮比低的实际情况，在实际工程中应结合各种污水处理工艺对进水水质特征指标的技术要求，采用粗、中、细格栅的合理级配，提高整体拦污效率，提高栅渣输送与脱水设备效率，以提高压榨水回流量等最大限度保留进水碳源的措施，强化预处理功能单元的拦截效率。

为合理利用进水中的有机碳源，降低由于污水处理厂进水低碳氮比带来的不利影响，应减少预处理单元的跌水复氧点，尽可能降低预处理过程的碳源损耗、改善进水的碳源结构，保障后续工艺单元生物除磷脱氮功能的充分发挥。

S3-1-3 强化生物除磷脱氮系统

强化原有生物除磷脱氮功能，进一步细化功能

分区，明确预缺氧、消氧等功能区在工艺设置中的作用，形成预缺氧-厌氧-反硝化除磷缺氧-好氧-消氧-后缺氧-后好氧的精细化功能分区，并辅以碳源的多点配置、溶解氧分区分季节调控、污泥回流以及跌水复氧控制等运行优化策略。在挖掘现有生物处理单元去除潜力的同时，进一步进行强化和提升，实现氮、磷、有机物和悬浮物质的同步去除。强调先生物去除、后物化辅助的除磷脱氮工艺设计原则。

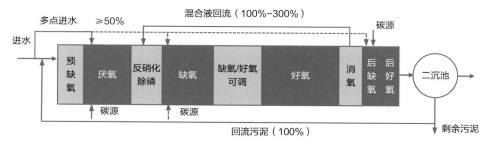

生物除磷脱氮工艺系统精细化功能分区示例

S3-2

氮磷物质深度去除

敏感水域、生态脆弱地区、封闭及半封闭水体，污水处理厂出水需要执行严格的氮磷排放标准；作为应对策略，在强化生物除磷脱氮运行效能的同时，需要在氮磷组分构成分析的基础上，持续开发和应用强化混凝沉淀、高效固液分离、深度（极限）脱氮除磷等技术措施。

S3-2-1 明晰二级出水氮磷组分

城镇污水中的氮和磷主要来自生活污水、工业废水及地表径流，生活污水中氮以氨氮和悬浮态氮为主，硝态氮和有机氮含量较低，磷主要包括70%左右的磷酸盐及其他溶解态磷、30%左右颗粒态磷，经过二级生物处理后，氮、磷的形态发生较大变化，以硝态氮、颗粒性磷、磷酸盐为主，针对面向未来的污水处理与再生利用需求，需要对氮和磷进行深度的（极限）去除。

S3-2-2 强化分离提升除磷效果

通常采用混凝沉淀过滤对二级生物处理出水中的悬浮物和磷进一步去除，当出水悬浮物（SS）和总磷量（TP）标准提高时，为提高固液分离效率，混凝单元可采用污泥回流、加载介质混凝、混凝气浮等技术措施强化分离效果，提高出水水质。

污泥回流后可在混凝反应区形成较大絮体，在沉淀区能够快速沉淀，保证出水水质。污泥回流比一般为3%～6%，混凝剂投加量为3～5mg/L（以Al_2O_3计），助凝剂一般为聚丙烯酰胺（PAM）。

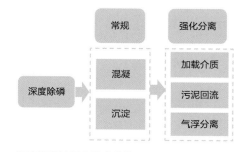

深度除磷的强化技术措施

加载介质混凝是在常规混凝沉淀工艺中增加磁粉、石英砂等介质，反应时间在10～20min，投加量为5mg/L左右，沉淀池的设计表面负荷可提高至10m³/（m²·h）。

气浮可替代沉淀强化分离，分为曝气气浮和溶气气浮两类，建议采用效率较高的溶气气浮。一般浅层气浮负荷15～20m³/（m²·h）、矩形高速气浮负荷18～28m³/（m²·h），水力停留时间浅层气浮2～4min、矩形高速气浮10～12min。混凝剂加药量一般为3～5mg/L（以Al_2O_3计），反应时间3min；助凝剂的加药量一般为0～0.5mg/L，反应时间为5min。

S3-2-3 生物脱氮的补充和保障

结合高标准处理要求，以二级强化处理单元作为脱氮主体，配合深床（反硝化）滤池作为出水TN波动的补充保障，可视实际脱氮需要，灵活调整深床滤池的运行模式。在冬季可调整深床滤池的运行模式，兼有生物脱氮及过滤功能。可采用夏秋季间歇投加碳源（<20d）维持反硝化菌群功能，冬季低温时段投加碳源，2～3d可快速启动反硝化功能进行深度脱氮运行。

设计中需关注沉淀池后提升泵房与沉淀池跌水导致的溶解氧浓度升高，易造成碳源的无效损耗；深床滤池采用恒液位的运行方式，减少进水渠道跌水导致的溶解氧升高。

S3-3

难降解有机物去除

城镇污水中难降解有机物的来源和官能团表征是后续处理技术单元选择的重要依据；研究确认难降解有机物的基本骨架结构为芳香碳和脂肪碳，提出了臭氧氧化或活性炭（焦）吸附为核心的工艺技术单元及优化运行参数。

S3-3-1 识别有机物与致色组分

通过研究构建污水中难降解有机物和致色物质的识别方法体系，以树脂分级为核心，可以将有机物按照亲疏水性进行分离，然后对分离出的各个组分进行三维荧光、高效液相排阻色谱、X射线光电子能谱（XPS）等分析。利用该方法体系研究发现，疏水酸性物质（HPOA）和亲水性物质（HPI）是二级生物处理出水的主要有机组分，前者是色度的主要来源。

XPS分析结果表明，芳香碳和脂肪碳可能是二级生物处理出水中有机物的基本骨架结构，其中芳香碳结构、共轭芳香结构的醚或羟基和硝基类（C-O/C-N）发色团、吡咯/吡啶酸结构（Pyrrolic/Pyridonic，N-5）是致色的关键结构，而吡咯/吡啶酸这种含氮结构物质可能是二级生物处理出水呈淡黄色的主要原因。

S3-3-2 运用氧化与吸附等技术

基于二级生物处理出水中溶解性难降解有机物及致色物质的构成解析，研究提出了采用臭氧（催化）氧化或活性炭（焦）吸附的有机物和色度强化去除技术。利用混凝沉淀和深床滤池进行前处理，去除部分有机物和色度，再通过臭氧（催化）氧化或活性炭（焦）吸附，强化对难降解有机物和色度的去除；臭氧氧化和活性炭吸附可以根据水质特征选择其一，也可联合使用。

S3-3-3 优化工艺单元运行参数

影响臭氧氧化效果的因素包括污染物种类、浓度及可溶性，气相臭氧浓度和投加量，接触时间和接触方法，气泡大小，水的压力和温度以及其他干扰物质的影响等。

臭氧投加量视进水有机物量而确定，市政污水为主时3～6mg/L，采用催化工艺时，投加量有所降低；去除有机物氧化时间适宜为30～60min，仅去除色度时可缩短为5～10min，同时具有有机物和色度双重去除需求时，需按照有机物去除需求选择氧化时间。

臭氧和活性炭吸附联用，可进一步提高溶解性COD的去除效果，平均去除率提升约26%，获得优质再生水。经过臭氧氧化使吡咯/吡啶酸结构得到有效破坏，从而实现出水的低色度。

活性炭或活性焦吸附主要影响因素包括孔径大小及结构、有机物分子量、活性炭/焦用量、接触时间、滤速、水温等。吸附工艺的构筑物形式主要包括生物活性炭滤池、炭吸附澄清池、活性焦吸附池等。其中生物活性炭滤池的空床接触时间宜为20～30min，炭层厚度宜为3～4m，下向流的滤速宜为7～12m/h，炭层水损宜为0.4～1m；炭吸附澄清池的活性炭投加量可按4～8mg/L粉炭/去除1mg/L COD进行确定；活性焦吸附池的空床停留时间可为60min，上升滤速可为7m/h，装填高度可为7m。

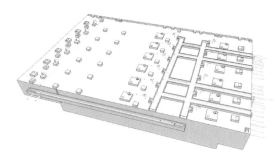

臭氧接触池

S3-4

新污染物全程控制

综合利用长期监测、工艺中试试验、生产性验证等手段，揭示城镇污水处理全过程新污染物的迁移转化规律和关键风险形态，研究提出了新污染物全程控制的技术途径，包括强化生物处理效果，引入臭氧氧化与活性炭吸附等高级处理工艺单元，但新污染物尤其全氟化合物的源头管控非常必要。

S3-4-1 建立高基质下检测方法

新污染物具有较强的环境持久性、生物活性、生物累积性和生物难降解性，在很低或极低的浓度水平下就能影响自然环境的生物化学过程。城市污水

处理厂作为"汇"的重要节点，是防止药物及个人护理品、内分泌干扰物及全氟化合物等新污染物进入环境的重要屏障。在高基质干扰背景下，选择适宜的富集预处理、高选择、高灵敏的检测方法是控制的前提。

可选择优化溶剂萃取、固相萃取、衍生化等的高效前处理方法，高效液相与质谱联用的检测方法，实现同类污染物的同步分析，检测方法回收率在70%～120%之间，目标污染物在污水及污泥相中的检测限分别低至ng/L及ng/g级别。

新污染物赋存特征分析工作流程

S3-4-2 处理过程迁移转化规律

各类新污染物在污水全过程的质量衡算表明，一级处理对各类新污染物的去除效果有限，目标物的去除主要集中在生物处理单元。生物段对抗生素和激素类物质的去除率为86%～96%，出水排放比例为4%～14%，其余部分特别是一些脂溶性较强的污染物大量残留于剩余污泥中（如氟喹诺酮类抗生素、酚类EDCs等）；全氟类化合物在生物段不仅未能去除，反而由于前体物的转化，出水浓度升高18%～195%。

S3-4-3 全过程控制与技术途径

评估多种污水深度处理和污泥处理工艺对新污染物的控制潜力，不同深度处理工艺对抗生素等药物类EDCs等的去除效果差异明显，其中混凝沉淀、滤布过滤、紫外与氯消毒等去除作用有限，而超滤、臭氧氧化对部分新污染物的去除增效显著，平均去除率达到70%～80%。

综合对新污染物去除的普适性、成本、技术可行性等因素，提出了基于臭氧的技术可作为污水深度处理的主要候选技术。

厌氧消化和堆肥对新污染物的去除率受工艺条件

的影响较大，高温厌氧消化可显著提升消减效果，臭氧对多数新污染物具有较强氧化去除能力，可在污泥减量同时显著去除，高温厌氧消化和臭氧氧化可作为污泥处理的候选技术。

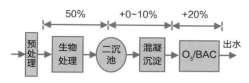

不同处理单元对新污染物的去除效果

S3-5

水质安全环境生态

需要从可持续指标体系、利用过程潜在风险评估、湿地生态缓冲等方面，对再生水利用的水质生态环境安全及技术进行深入研究，为污水资源化需求下的再生水水质生态安全性提升提供指导与技术支撑。

S3-5-1 建立可持续的指标体系

需要建立健全满足水环境保护需求与实现水资源循环利用的可持续指标体系，将水质指标、经济指标与技术指标统筹考虑。衔接排放标准、环境质量标准及不同用户用水水质标准，协调不同标准在取样方法、监测频率、评估方法及水质指标间的关系，制定分级分质指标体系，同时根据生态敏感地区、缺水地区、重点流域涉及地区等不同地域差异性，提出差别化的全过程管控要求和技术规范。

S3-5-2 利用过程潜在风险评估

结合再生水及其不同用途，利用优先污染物筛选方法和病原微生物综合评价等方法，确定出再生水中优先控制风险因子；建立在不同暴露途径中暴露剂量及健康风险情况下的病原微生物健康风险评价方法，确定造成潜在健康风险的控制目标值；结合剂量致病效应关系采用成组生物毒性分级方法、化学污染物的风险外推技术和剂量暴露模型法等，确定造成

潜在生态风险的控制目标值和毒性分级指标；评价再生水在工业、景观和生态农业等用途可能引起的生态和健康风险。提出再生水安全利用的潜在风险因子控制目标值及对于不同技术的安全性评估方法，用于评价不同污水资源化利用技术对主要风险因子削减的有效性。

S3-5-3 充分利用湿地生态缓冲

耦合污水处理厂污水处理工艺与生态技术的功能，构建处理厂-人工湿地新的污水处理技术体系、河湿循环体系，以人工湿地、生态塘等生态技术为核心改善再生水的生态效应，削减消毒剂、混凝剂、微量污染物以及病原菌等，提升再生水的生态安全水平，促进水质深度处理和水生态恢复。技术的选择需要结合城镇污水处理厂现状工艺运行状况及出水水质进行综合统筹，并根据处理目标合理优化工艺设计参数。

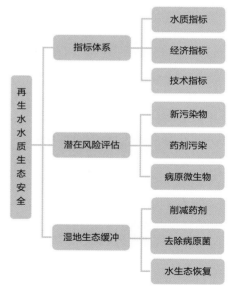

再生水生态环境安全利用

S4

低碳低耗

S4-1

排水管网低碳运维

我国城镇排水管网长期存在高水位、低流速运行的情况，容易导致异常工况、毒害及温室气体散逸，应采取工程与非工程措施恢复管网的正常运行工况，控制硫化氢、甲烷等毒害气体的产生与释放，并推行排水管网底泥的资源化利用。

S4-1-1 确保管网正常运维工况

我国不少排水管网长期高水位、低流速运行，导致污染物沉积，引起管网异常工况的原因包括结构性缺陷、外水入渗、排水出口不畅等。

应对比排水管网的收水与出水量，明确是否存在外水入渗，对管网中渗入的地下水、工业水及地表水、施工降水等进行清退，建立外水清退方案。对比排水管网的收水量与末端处理厂/站处理能力，判断管网运营状况，设置匹配管网输水能力的厂站处理能力。应长期监测已建成排水管网的输水能力，排查由于污水管道管径过大或坡度、坡向设计不合理造成的污水流动障碍。

S4-1-2 管道底泥碳源提取利用

污水管道污泥沉积是城市生活污水集中收集率偏低的主要成因，但目前管道清淤面临污泥运输路线选择难、运输量大、出路难等难题。结合管道污泥组分（有机含量10%～30%）和城镇污水处理厂碳源不足的进水特征，宜采用移动式一体化排水管道有机无机组分原位分离设备，对清淤污泥进行

碳源就地提取，并将富含碳源的污泥混合液作为污水处理厂进水碳源，就近返回至排水系统。管道污泥组分的原位分离碳源提取设备，主要包括除臭模块、前处理模块和旋流分离模块，可作为污泥清通车的配套产品，将城市污水中错位的碳源实现资源化利用。

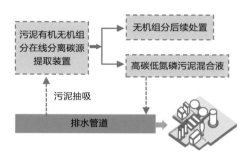

管道底泥碳源利用

S4-1-3 管网温室气体控制措施

分析有机污染物沉积释放与悬浮迁移动态行为特征，发现易在污水管道转弯前、管道汇流处形成沉积层，可在试点区域重点管段的汇流点、变径点、转向点的上下游，结合集水井、检查井、跌水井及提升泵站等设施，先行设置甲烷等温室气体监测点位，尤其管道清淤、降雨冲刷扰动、季节性气压变化等情况时，需加大监测频率。

排水管道内部沉积等运维状况所形成的水文模式，是形成甲烷等气体及波动的重要因素。在出现淤积、堵塞等的重点管段，有机污染物转移累积在管道底部，在厌氧环境条件下产生甲烷等温室气体。应重点提升收集系统的运维效能，解决排水管网长期高水位低流速运行、旱季污水管道溢流、雨季合流制溢流等问题，减少管网内污染物停留时间，缓解管网压力，有助于降低温室气体的排放量。

S4-2

污水处理过程诊断

在城镇污水处理工程建设和运行状况系统性调研的基础上，研究提出运行效能精准诊断评估技术方法，可快速摸清本底情况，识别现状问题，为工程设计和技术决策提出合理可行的对策措施，促进工艺运行管理的过程优化与实时动态调整。

S4-2-1 处理全过程诊断与评估

通过工程实时测试和达标难点快速解析的系统精准诊断技术方法，识别与诊断影响污水处理厂效能提升、碳源高效利用、出水稳定达标等共性关键问题。首先通过大数据概率统计分析模型完成问题初步筛查，然后进一步结合污水处理厂日报进出水数据，识别达标影响因素及达标难点，再利用构建的"四步法"系统评估方法模型，将进出水水质问题识别与系统运行效能评估相结合，形成系统评估诊断结果，为后续运行优化与精细化运行管理提供依据。

问题初筛 → 难点解析 → 系统诊断 → 应用验证

数据分析　统计识别　现场评估　现场实证

污水处理厂过程诊断工作流程

S4-2-2 提出运行优化技术措施

重点针对生物处理系统运行效能诊断评估与问题解析，提出生物单元精细化功能分区为基础，内碳源多点配置、水中溶氧量DO精细控制、内外回流智能化调控、外碳源多目标利用等运行优化控制策略，充分挖掘现有生物单元去除潜力。提出由预缺氧区、厌氧区、反硝化除磷区、缺氧区、缺氧/好氧可调区、好氧区、消氧区、后缺氧区和后好氧区构成的精细化生物处理功能分区，内回流前采用低曝气或消氧运行模式（DO为0.2mg/L以下），降低DO对反硝化过程的影响，缺氧/好氧可调区的曝气采用季节性调控措施，在确保脱氮效率的同时降低能耗；冬季提高污泥浓度

至夏季的1.5～2倍，并结合污泥回流的智能化动态调控增加碳源投加量，保障低温条件下氮磷水质指标的稳定达标排放。

S4-2-3 实时跟踪反馈动态调整

通过必要的过程工艺参数及中间水质指标监测，可对运行优化实现动态跟踪，做到及时反馈和动态调整。生物处理单元缺氧区末端可设置硝酸盐氮测试仪表，动态监测硝酸盐浓度，当硝酸盐浓度远低于好氧区末端时，适当提高内回流比，强化缺氧区的脱氮效率；当缺氧区末端硝酸盐浓度与好氧区末端相差较小时，可通过提高碳源投加量来降低出水的硝酸盐浓度。化学除磷时，药剂投加量需根据进水磷酸盐浓度动态调整，以防止过量。

S4-3

合理控制药剂投加

污水处理工艺过程的物耗控制，主要包括碳源与各种化学药剂，应在确保出水或处理产物稳定达标的基础上合理控制；首先应尽可能强化生物除磷脱氮功能，同时考虑河道生态补水、景观环境利用等资源化利用过程中的生态安全风险问题，尽量少用有机高分子絮凝剂和消毒剂。

S4-3-1 尽量降低外部碳源投加

在进水碳氮比明显偏低的现实条件下，要实现更严格的排放标准的稳定达标，在生物处理系统中，外加碳源已成为不可或缺的运行措施。外碳源可在厌氧区或缺氧区投加，当设置后缺氧区时，可投加至后缺氧区；进水快速碳源不足的情况下，通过在厌氧池投加碳源，强化厌氧释磷和反硝化除磷功能，实现除磷脱氮的一碳两用，提高碳源利用效率，降低外碳源投加量。碳源的投加量应随温度的变化而调整，水温从夏秋季的20～25℃降低到冬季的13～18℃时，投加量有可能需要提高2～3倍，以满足生物脱氮要求。

S4-3-2 有效降低除磷药剂投加

出水TP已经成为重点流域、敏感地区排放控制的重点监控对象，仅靠生物除磷较难满足要求，需要结合化学除磷来实现达标排放，除磷药剂成为重要的药耗组成。为稳定达标兼顾节省药耗，精确投药成为节省药耗的重要措施。应在二级出水TP组分解析的基础上，通过除磷药剂的优化投加试验，确定除磷药剂的种类及投加量；结合水质波动、季节变化等因素，定期进行投加量试验，便于运行时精确调整药剂量。有条件的污水处理厂，可设置除磷药剂精确投加系统，通过前馈+反馈的控制模式，降低药剂投加量。

S4-3-3 合理确定出水消毒剂量

宜结合消毒系统进水水质水量、接触时间、混合条件等，合理确定消毒剂量。

城镇污水处理厂消毒工艺主要包括次氯酸钠消毒、二氧化氯消毒、紫外消毒、臭氧消毒及其组合工艺，其中，次氯酸钠消毒效果好、运行管理简单，工程应用较多。有效氯投加量、接触时间、混合条件和初始粪大肠菌群数对次氯酸钠消毒效果影响显著；为确保出水粪大肠菌群数稳定达到一级A及以上标准，接触时间≥20min下的有效氯投加量可为3mg/L，接触时间<20min下的有效氯投加量需适当增加；宜采取设置消毒系统进水在线流量计、设置出水在线余氯仪、强化消毒进水SS浓度监测、强化药剂有效氯含量检测等措施，合理确定出水氯消毒剂量，降低出水的潜在生态风险。

消毒效果的表征因素

S4-3-4 强化污泥机械脱水效果

污泥脱水干化是实现污泥处理处置与资源化的预处理或中间过程必要工艺段，在热干化、焚烧、好氧发酵前强化污泥脱水，降低含水率，可有效降低辅助燃料及辅料的投加，更易实现物质回收与能量平衡。

常规板框或离心式脱水方式，含水率一般降低至75%～80%，通过提高工作压力及脱水药机优化投加等技术改进，对污泥进行深度脱水，含水率可进一步降低至50%～70%。后续通过污泥干化，可使污泥含水率下降至30%～40%。

S4-4
降低动力消耗成本

> 节能降耗的重点在于工艺系统的整体设计及节能设备的优化选择；无论新建还是改造工程，对节能降耗设计的总体考虑都是至关重要的，同时还需要进行全流程各工艺单元运行过程的详细分析及对策措施的比选，重点是生物池溶解氧、非曝气区混合强度、污泥与混合液回流量的控制。

S4-4-1 设备选型兼顾功能灵活

曝气、混合、回流、过滤、分离等主要工艺设备及附属设备的选型，应在满足污水处理工艺技术要求的前提下，优先采用优质、低耗、技术先进的设备，从设备选型与处理规模、处理工艺及其构筑物的关联性、系统性以及特殊性方面综合考虑，保证处理工艺与设备之间、主要设备与附属设备之间、设备与构筑物之间以及运行设备与控制设备之间的协调性，力求达到最佳处理效果和最佳技术经济指标值。

S4-4-2 优化功能区溶解氧控制

城镇污水处理厂的能耗主要发生在生物处理环节的好氧曝气，可以通过好氧区的溶解氧优化控制，实现节能降耗。

合理控制好氧主反应区的溶解氧浓度，确保溶解氧对活性污泥菌胶团有效穿透的同时，防止浓度控制过高对污泥絮体的不利影响以及能耗的增加，反应区溶解氧浓度保持在1.5～2.5mg/L范围内；加强好氧区溶解氧浓度的分区控制，减少不必要的曝气区域，通过渐减曝气，实现消氧区对溶解氧浓度的消氧控制，消氧区末端溶解氧浓度控制在0.5mg/L以下，出水区溶解氧浓度保持在4～6mg/L范围；加强好氧区曝气过程的智能控制，实现按需供氧的精确曝气，精确控制鼓风机运行，并结合进水及季节变化，定期调整曝气智能控制系统DO与氨氮参数的设定，实现功能区高效稳定运行下的节能降耗。

S4-4-3 强化污泥浓缩降低回流

回流系统包括污泥回流（外回流）和混合液回流（内回流）。污泥回流比的选取与工艺设计、进出水水质、污泥浓度等因素有关，多数采用定速泵或多台定速泵的并联组合。运行时应充分挖掘二沉池对活性污泥的浓缩性能，如在二沉池入口处设置挡板，降低二沉池池内的湍动动能，减小池内的紊动干扰，有利于泥水分离；保持较低的污泥层高度，提高污泥成层浓缩速率，优化二沉池澄清性能等措施，可提高回流污泥浓度，降低二沉池的污泥回流比，减小回流泵的能耗。

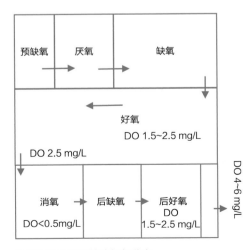

生物处理功能区的溶解氧分布

S5

资源回收

S5-1

资源化能源化路径

充分挖掘城镇污水中的资源和能源，成为当前需要着重考虑的重大发展方向议题；从污水中进行碳、氮、磷资源的回收和热能、化学能等能源的提取利用，并结合绿色能源的协同使用，已经成为污水处理行业发展的更新、更高要求。

S5-1-1 污水资源回收技术路径

污水中蕴含着丰富的资源，如含量可观的有机物、氮、磷等元素。将污水处理由传统的污染物去除向资源回收利用转变，能够促进城镇污水处理厂向低能耗、低碳排的方向发展。

污水中有机质既可以作为能源回收，也可以直接进行资源化，可通过污泥水解池，对初沉污泥、回流污泥进行水解发酵提取碳源，也可通过初沉发酵池提取碳源，然后将优质碳源回流到生物池，促进高效脱氮除磷。

污水中氮的回收，包括以氨气为主的气态回收、以含氮晶体为主的固体回收和以合成蛋白质为主的生物回收。其中，回收的蛋白质可用于制造建材发泡剂等工业类蛋白产品。

从污水污泥中回收磷资源，可补充全球磷消耗量的20%。从富磷的水相中回收磷的方式为向富磷上清液中添加金属盐进行沉淀回收。从污泥中回收的方法为在污泥消化液中进行回收。

S5-1-2 污水能源转化技术路径

在城市污水处理系统运行过程中，通过回收污水中潜在热能、化学能，利用可再生能源（风能、太阳能、光伏）以及升级改造污水再生工艺等方式实现污水处理厂节能降耗、能量自平衡甚至能量输出。

可以通过水源热泵技术进行热能的多级提取，供厂内/外供暖供冷、污泥处理中水解产酸、厌氧消化和污泥干化等罐体保温，冷端则主要用于厂内/外通风、制冷、除湿除臭等。

有机质通过厌氧消化产生沼气，通过热电联产，热能用于厂内或周边暖通系统供热，电能提供给厂内/外暖通系统的用电设备或并入电网。

结合绿色能源（太阳能、风能、光伏等）实现多动力源供电系统联动，光照充足时采用太阳能发电提供电源动力，夜晚采用电网提供峰谷电，富风力资源地区可采用风力发电。耦合绿色能源，可实现多动力源互补的再生水电解制氢。

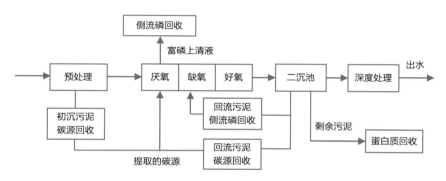

城镇污水资源回收技术路径示意图

S5-2

高值物质循环利用

从城镇污水污泥等排放物、废弃物中回收高值物质、资源，具有重要的战略意义和显著的社会效益，并成为不可小觑的循环经济路径之一；对高值物质的循环利用包括对污水污泥中碳源、蛋白质的高效提取与利用，以及对磷、污泥处理与处置产物的综合回收利用，相应形成的碳汇能力。

S5-2-1 污水中磷高效回收利用

磷元素很难挥发成气体，无法随大气循环和迁移，从污水中回收磷元素是一个很好的人工干预循环途径。在污水和污泥处理过程中，可回收的工艺点包括：生物处理单元的厌氧区和二沉池回流污泥进行侧流磷回收；污泥厌氧消化液（消化池混合液和消化污泥脱水液）进行磷回收；污泥碳化和焚烧灰渣中进行磷回收。

水相中提取的磷浓度虽然不高，但是可以将侧流回收与生物除磷进行耦合，提高系统除磷效率；污泥中提取的效率可达到50%以上。通常采用沉淀法或者结晶工艺来回收磷，可通过投加钙盐、镁盐、铁盐等形成磷酸钙、磷酸铵镁、磷酸铁等不同产品。

S5-2-2 提取利用污水污泥碳源

在原有预处理工艺单元的基础上，通过超细格栅、泥渣砂快速分离设备、初沉（发酵）池、生物絮凝沉淀、物理沉淀等强化预处理设施或单元，采用灵活组合的运行模式，可有效去除进水悬浮固体，并快速高效分离泥渣砂、毛发与固态油脂等污染物，实现污水碳源的高效截留。

通过减少预处理、生物处理单元的跌水复氧点等措施，实现工艺过程碳源损耗的降低；通过初沉污泥、回流污泥水解发酵，实现污水内部碳源的提取利用；回流污泥可进行超声、热处理、碱处理、酸处理等预处理，进一步提升污泥中碳源提取效率。

S5-2-3 提取污水污泥中蛋白质

提取剩余污泥中丰富的蛋白质，用作动物饲料添加剂、发泡剂原料和肥料等，是附加值较高的一种资源化途径。可采用污泥水解、固液分离、纯化分离等技术进行提取。污泥水解方式包括物理法、化学法、生物法，其中热-碱法、热-酸法、超声-碱法和超声-酶法是目前相对高效的方法，蛋白质提取率在65%以上；固液分离单元宜采用压滤工艺，可投加聚丙烯酰胺、硅藻土等药剂提高污泥脱水性能；纯化分离可采用盐析沉淀法、等电点沉淀法，盐析沉淀法可采用硫酸铵作为沉淀试剂，pH宜为3.0左右，等电点沉淀法pH值宜控制在3.0～3.5，温度宜为5～25℃，提取液蛋白质浓度宜为2000～6000mg/L。

S5-2-4 综合利用污泥处理产物

污泥经稳定化处理且达到《城镇污水处理厂污染物排放标准》GB18918的要求后，可用于土地利用、建筑材料等，应根据后续用途合理选择药剂种类与污泥处理方式。经厌氧消化或好氧发酵后宜用于土地利用；经焚烧或工业窑炉协同焚烧后宜用于建材利用。进行建材利用时，污泥应经高温焚烧，实现无机化，重金属和有毒有害物质实现钝化和固化，应优先利用当地窑炉资源对污泥进行协同焚烧，降低污泥处理处置设施的建设投资。

S5-3

能源高效转化利用

面对污水处理向资源化、能源化、低碳化转型的发展趋势，污水中能源的高效转化利用是必然要求；其中，能源回收利用包括污水中的冷热能同步提取及多元利用、生物质能的高效产甲烷及利用、污泥焚烧热能转化及利用，以及与新能源的协同配置及综合利用。

S5-3-1 充分利用污水冷源热源

污水中蕴含的热能总量巨大，可在不影响低温季节污水和再生水处理系统运行效能的前提下，通过热交换的形式进行利用，由于属于低品位热源，难以用于发电，可在有效输送范围进行直接利用，如厂内综合办公区域、附属生活设施及周边小区的供热或供冷。

S5-3-2 利用厌氧消化产气产能

厌氧消化是最重要的污泥资源化利用技术途径之一。消化前可采用碱处理、热水解、超声等方式进行预处理提高产气率，产能利用方式包括沼气并网或装罐、沼气锅炉、沼气驱动动力机械、沼气发电等。沼气锅炉的能源综合利用效率不低于80%；沼气驱动的动力机械包括鼓风机、水泵，热泵系统压缩机等，驱动过程同时输出余热，能源综合利用效率不低于55%；沼气发电利用包括上网售电、并网抵消自用电和独立驱动负荷，鼓励有条件的污水处理厂采用上网或并网方式，沼气发电宜采用热电联产方式，充分利用污泥生物质能发电过程中产生的废气热量，能源综合利用率不宜低于60%。

S5-3-3 污泥焚烧热能利用转化

焚烧可将污泥减量化、无害化的同时进行余热利用，焚烧后的灰渣也可以进行再利用。污泥单独进行焚烧时，或者干化处理后进入焚烧炉焚烧，焚烧前的含水率宜控制在60%以下。干化和焚烧联用，可以提高污泥的热能利用效率。为节约占地面积，可采用污泥干化焚烧一体化设备，将污泥干化系统与焚烧系统相结合，利用污泥焚烧产生的烟气对污泥进行干化处理，并充分利用余热。为提高设施的利用效率，鼓励与垃圾焚烧厂、发电厂、工业窑炉等设施共建或协同焚烧。焚烧装置应设置烟气净化处理设施，污泥焚烧的炉渣和除尘设备收集的飞灰应分别收集、储存和运输。焚烧后生物质能转化为热能，可供热、蒸汽或发电等在污水处理厂内或厂外进行利用，污泥经焚烧或工业窑炉协同焚烧后形成的炉渣宜用于建材利用，还可以继续提取有价值资源。

S5-3-4 新型能源协同配置利用

新型能源，如太阳能、风能、光伏等可再生能源，以及城市有机废弃物协同产能、再生水出水产氢及势能等在污水处理厂的综合利用，能够有效缓解能源与资源危机。可利用污水处理厂厂区面积较大的有利因素，在生物池、初沉池、二沉池等位置采用分布式光伏技术，构建自发自用、剩余电量上网的电能供应系统，同时利用光伏板实现冬季保温及臭气收集作用；在具有丰富风力资源的地区可充分利用风力发电或风光互补发电模式，因地制宜地利用风力资源和太阳能资源，风光互补发电可直接并网运行或直接应用；还可利用地势特征，将出水进行小水头发电等能量综合利用技术措施。从发展前景来看，可再生能源与水电解技术相结合已成为污水处理厂实现水处理同步产能及碳减排的重要手段，结合光伏太阳能、风能等能源，实现高品质再生水循环电解高效产氢，是促进绿氢生产的重要突破。

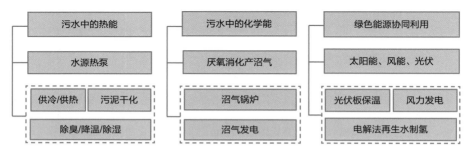

城镇污水处理厂能源自给技术路径示例

S6

环境融合

S6-1

突发污染留有冗余

城镇污水处理系统的工程设计需充分考虑冗余性与可扩展性，为污水处理设施充分赋能，并利用工艺全过程的优化与提升，逐步提升雨天溢流污染的控制能力；建立完善的应急机制与预案，降低和消除突发冲击带来的内外部不利影响。

S6-1-1 提供初期雨水处理空间

降雨初期的雨水含有大量的有机物、病原体、重金属、油脂及悬浮固体等污染物质，污染程度较高，甚至超出普通城市污水的污染程度。污水处理厂在规划时应结合当地污水排放与降雨量情况，充分发挥绿色海绵城市建设理念，考虑留有污水处理设施负荷冗余。初期雨水的处理工艺可根据接纳的雨水量和雨水水质而定，当雨水量大、浓度较低时可进行物理化学方法处理，如混凝沉淀快速过滤等处理单元；当雨水量低、浓度较高时可进行生物处理。

S6-1-2 提升溢流污染控制能力

城乡面源污染逐步上升为制约水环境持续改善的主要矛盾，合流制管网服务区域的雨季溢流污染治理，是加快突破城乡面源污染防治技术瓶颈的有效措施。需要采用系统治理思路，通过灰绿基础设施相结合的措施，在源头收水口、合流制泵站、调蓄设施以及污水处理厂等进行减量和截污；过程减污可结合海绵设施实现；末端处理厂可采用快速过滤设施达到出水减污的目标。

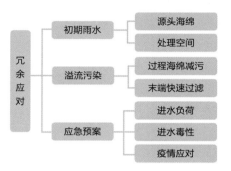

设施冗余应对场景示例

S6-1-3 建立突发冲击应对机制

根据实际情况，建立污水处理厂突发冲击负荷的应急预案。对来水的监测，一旦发现进水性状或监测指标、进水负荷异常，立即启动应急预案。可立即停止进水，采集水样化验，确定产生异常的污染物种类，上报环保部门，尽快确定污染物的可能来源并采取相应措施。有条件的污水处理厂可设置进水毒性预警装置，实时判断进水生物毒性，可有效降低对生物处理系统的冲击影响。在疫情应对方面，应结合员工工作、生活及生产运行工艺流程、出水去向、消毒、污泥处置方法等具体状况，制定疫情应急预案。

S6-2

多种功能融合共生

在当前与未来，市政基础设施将逐渐由单一功能为目标，向多功能融合、立体空间利用和生态亲民的多方向转变，需要积极采用设施功能融合与集约化的设计理念，实现污水处理设施的绿色化、海绵化、景观化，以及创新研发、运动休闲、科普宣教等方面的作用。

S6-2-1 泵站建设融入海绵理念

新型市政排水泵站须融入海绵城市的建设理念，将防汛与排水的单一功能，扩展为兼具排放、调蓄和截污的多重功能。汛期时，调蓄设施可提高系统的蓄水能力，缓解周边地区积水问题，雨水净化装置可以初步净化收集的雨水，用于园林绿化、道路洒水、洗车等。需要解决雨水系统内混接污水的排河污染问题，改善地区河道水质，保护水环境和自然环境。

S6-2-2 地下设施与生态相融合

在环境敏感区、快速发展的城市用地稀缺区、城市公园绿地区或规划有其他市政及公共设施的区域，为满足污水处理建设的需求，可合理开发利用地下空间建设地下处理设施。地下设施应具有高度集约型的特点，处理工艺应选择运行可靠、占地节省的处理单元，并应力求缩小单元之间的标高起伏，尽量避免在地下箱体中设置易燃易爆的处理单元。空间布局应与污水处理、再生水利用、景观设计及城市开发等有机结合，景观设计建议以水为核心，并充分贯彻文化策略、科技策略和生态策略的整体要求。

S6-2-3 提升设施周边环境质量

排水管网、泵站及雨污水处理等基础设施的建设，应从邻避效应转变到与环境相融合，转变原有功能形态，在实现设施功能的同时，改善水环境、重塑生态景观及提升人居环境品质，使之成为休闲娱乐、科普教育、科技研发、湿地绿化等公共服务的场所。

S6-3

设施衍生价值外延

在当前与未来，市政基础设施将逐渐形成新的衍生价值，例如，推行城镇污水全收集、全处理、全利用，污水再生处理后蜕变为清洁的水资源，补充景观生态环境用水，能够显著改善人居与生态环境质量，提升土地空间及地产价值，为居民提供新型健身、休闲、娱乐场所，以及不同场景的亲身体验。

S6-3-1 提升设施周边社会价值

作为城镇水环境治理的核心措施，城镇污水处理设施通过将居民生活污水收集处理，极大改善了人居环境质量，提高了人民群众对环境保护的认可度，增加了城镇生活的幸福感。同时，伴随国家正在大力推行的污水资源化工作，大量污水经再生处理后蜕变为清洁水资源，用于补给景观水体，也为居民的赏景休闲提供了乐趣。

S6-3-2 带动周边环境经济升值

打造城镇的高颜值，首先需要有高效的污染处理能力。城镇污水处理设施建设作为最直接的环境治理措施，通过高起点规划、高标准管理、高强度管控，实现城镇生活污水全收集、全处理、全利用，全面改善生态环境质量，对周边区域地产价值的提升、招商引资标杆品牌的建立、经济发展繁荣的促进具有至关重要的作用。除此，在水资源短缺地区，通过再生水的可持续供应，能够替代可观数量的自来水，节约大量一次性水资源，助力实现区域多类型水资源的循环利用和均衡配置，具有显著经济效益。

S6-3-3 吸引公众参与体验频次

作为一项市政公用事业服务，城镇污水处理与居民日常生活和工作的关系最为密切，处理成效也直接影响居民切身感受。很多地方已将污水处理设施项目纳入政府信息公开范围。因此，寻求污水处理设施与公众体验的契合点，具有切合当前社会治理需求的现实意义。

能吸引公众参与体验的城镇污水处理设施多种多样，如地下污水处理厂，其地面利用再生水建设和养护大型公园，可为居民提供健身、休闲、娱乐场所，带来最为直接的生态环境改善体验；公园式污水处理厂充分利用空间和再生水资源，建成以污水处理为主题的环境教育基地，可为公众提供水污染与水环境治理的既视场景，拉近公众与生态环境保护的距离，提高公众的环保体验与参与意识。

D

D1-D5

雨水系统

DRAINAGE

D1 径流削减	D1-1	保护修复自然地貌
	D1-2	系统布局源头设施
	D1-3	选用源头减排设施
	D1-4	老旧小区更新改造
D2 调蓄控排	D2-1	优先利用公共空间
	D2-2	合理建设调蓄设施
	D2-3	强化设施安全运维
D3 净化利用	D3-1	分类收集分类处理
	D3-2	积极推进分级利用
D4 排水防涝	D4-1	统筹排水防涝标准
	D4-2	强化工程体系建设
	D4-3	超标降雨应急管理
	D4-4	强化安全绿色智能
D5 智慧运维	D5-1	建立长效运管机制
	D5-2	建立安全防控体系
	D5-3	建设排水管理平台

D1

径流削减

D1-1

保护修复自然地貌

> 自然地形地貌和天然生态系统是雨水渗、滞、蓄、净、用、排的重要载体，是控制径流水量和径流污染的最有效的本底措施；市政雨水排水基础设施设计建设过程中要多借力自然排水，控制城镇的不透水面积比例，修复或恢复受损地貌和生态系统，实现雨水的就地、就近资源化利用。

D1-1-1 保护保留原有地貌用地

按照生态环境影响最低的开发建设理念，合理控制开发强度，需要对场地可利用的自然资源进行勘查，充分利用原有地形地貌，减少开发建设对场地及周边环境生态系统的影响，尽量保留足够的生态用地，控制不透水面积比例，最大限度地减少对城镇原有水生态环境的不利影响。

D1-1-2 保护保留自然生态设施

应保护保留自然水体、湿地、坑塘、沟渠等水生态敏感区和天然雨洪通道、蓄滞洪空间，减少对自然河道的渠化硬化和与自然地理条件不相适应的挖湖造地，少占用自然空间，不得破坏场地与周边原有水体的竖向关系，维持原有水文条件，保护区域生态环境和防涝安全。如有破坏自然生态设施，应进行合理的生态补偿。

D1-1-3 修复恢复原有生态系统

针对已经受到破坏的水体和其他自然环境，应结合这些区域及其周边条件（如坡地、洼地、水体、绿地等），采取生态化改造等手段进行恢复和修复，尽量恢复至破坏前系统雨水蒸发下渗径流循环条件，实现自然地貌及生态恢复。

保护保留利用自然生态设施

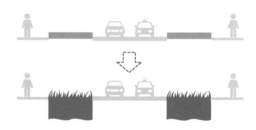

停车场周边硬化地面恢复为绿地

D1-2

系统布局源头设施

> 雨水进入排水管渠设施前，采用渗、滞、蓄等源头减排措施，对雨水进行渗透、储存、调节、转输与截污净化，有效控制径流总量、峰值和污染；根据区域或项目特点在规划、设计、建设等不同阶段因地制宜体现海绵城市建设的理念，并与城镇排水及内涝防治专项规划、设施等紧密结合。

D1-2-1 全过程落实好源头减排

1. 科学统筹规划

按照建成区问题导向、新建城区目标导向的原则，根据本地自然地理条件、水文地质特点、降雨特征、土地利用等，综合内涝防治、水生态环境治理和非常规水资源保护利用需求等，因地制宜地合理规划地表径流，确定雨水控制目标与指标，协调场地内建筑、道路、广场、绿地、水体等布局和竖向设计，合理确定源头减排目标，并结合城市建成区、开发区域项目特点、技术经济合理性等因素，确定源头减排方案等。

2. 合理设计构建

根据城镇内涝防治专项规划，并与其他内涝防治设施相互协调，遵循源头、分散的原则构建低影响开发源头减排雨水系统。设施构建措施应按自然、近自然和模拟自然的优先序进行选择，对不同源头减排设施及其组合进行科学合理的平面与竖向设计，合理确定各项设计参数。源头减排设施设计规模的计算，应符合相关国家标准规定。竖向设计应根据平面布局的基本条件确定排水流向，使雨水从不透水路面或屋面排至源头减排设施，溢流至雨水管渠系统或受纳水体。

3. 建设运营落实责任

应按照规划设计参数及要求并结合实际情况等开展源头减排设施建设施工及验收，明确维护管理责任单位，落实设施管理人员，细化日常维护管理内容，确保源头减排设施运行正常。

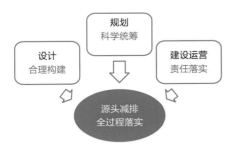

全过程落实源头减排

D1-2-2 合理布设源头减排设施

应根据径流总量、峰值、污染控制与雨水资源化利用等目标，依据排水分区性质与竖向高程，统筹考虑建筑屋顶、路面、绿地等下垫面，按照有利于雨水就近入渗、调蓄或收集利用及分散与集中原则，并与竖向、绿化、景观、建筑相协调，合理选择、精细布设源头减排设施，合理组织雨水的渗、滞、蓄、净、用、排。

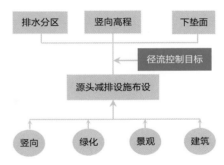

源头减排设施的布设原则与依据

建筑与小区，根据项目的总平面布局和条件，应优先布局雨水入渗、滞蓄功能的源头减排设施；城市道路、道路绿化隔离带以及道路周边应布局具有滞蓄和消纳作用的雨水减排设施；城市绿地、广场及周边区域应布局雨水渗透、储存、调节等为主要功能的源头设施。

D1-2-3 设施自然景观高效融合

雨水源头减排设施的设置应注意与周围自然景观的高效融合。设施布设的位置、地势，植被与植物的选取，人工设施的构建与天然设施的改造等，应与周围地形、地貌、绿化、景观、建筑相协调。通过人工低影响的开发和改造实现人文与自然景观的高度融合，营造优美的绿色生态景观，提供良好的景观及休闲娱乐空间。

雨水源头减排设施与周边自然景观融合

D1-2-4 绿蓝灰设施相配合衔接

雨水源头减排设施应与雨水管渠系统、超标雨水径流排放系统以及污水系统等相互配合、有效衔接，保证上下游排水系统的顺畅，减少进入管道的雨水水量及污染负荷，提升排水安全和水环境质量保障能力。

源头减排设施还要做好与上下游雨水管渠、生态沟渠、河湖水系、周边道路等的高程控制，进水口应与汇水面平顺衔接，排水口、溢流口应与雨水排放管渠进排水口、超标雨水径流蓄排设施进水口以及下游雨水设施平顺衔接，使雨水可通过重力流入或排出设施。

弃流融雪水、污染严重且未经净化径流排口应与污水系统平顺衔接。源头减排设施排口接至市政排口应以溢流方式与雨水管渠衔接。

蓝-绿-灰基础设施的相互衔接与融合

D1-3

选用源头减排设施

结合区域水文地质、水资源特点，以及建筑密度、绿地率及土地利用布局、场地等条件，根据径流总量与污染控制等目标，结合汇水区特征和设施的主要功能，统筹经济性、适用性及景观效果，按自然、近自然和模拟自然的优先顺序合理选用源头减排技术设施。

D1-3-1 合理选用源头技术设施

建筑与小区应优先选用生物滞留、透水铺装、下凹式绿地、湿塘、绿色屋顶等雨水入渗、滞蓄的技术设施；绿地、广场、非机动车道、人行道、步行街及周边绿地应选用以入渗为主的源头减排设施，城市绿地、广场可选用生物滞留设施、植草沟、下凹式绿

地、透水铺装、生态树池、湿塘、人工湿地和植被缓冲带等；道路绿化隔离带中，宜设置生物滞留设施等雨水调蓄或渗透设施；高架下绿化隔离带，宜设置生物滞留设施、延时调节设施或雨水利用设施；大型屋面的公共建筑、独立的市政场站，应选用以雨水收集利用为主的设施；下凹式立体交叉道路、市区路段道路雨水，应选用以调蓄排放为主的设施。

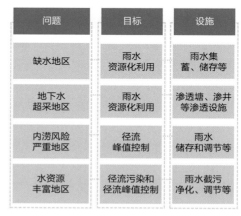

不同地区合理选用源头减排设施

D1-3-2 渗透设施源头径流削减

渗透设施包括下凹式绿地、透水铺装、生物滞留、绿色屋顶、渗透塘、渗井等，在建筑与小区、非机动车道、人行道、步行街、绿地与广场满足设施基本功能和各类用地主导功能基础上，应根据当地气候、土壤等条件合理布局这些设施，特别在缺水、地下水超采地区。

严禁在地表污染严重的地区、对居住环境或自然环境造成危害的场所及可能造成坍塌、滑坡灾害的区域或场所，设置具有渗透功能的源头减排设施。符合透水地质要求的新建、改建和扩建人行道、自行车道、步行街、停车场透水铺装率不小于70%；道路隔离带设置下凹式绿地率不宜低于50%。

渗透设施应合理选择土壤介质、排水层材料、防渗材料等，渗透系数不能满足设计透水性能要求时，应对土壤进行改良或采取其他措施增加渗透性能。渗透设施设计排空时间应符合相关国家、行业标准规范要求，生物滞留设施、下凹式绿地、渗透塘排空时间分别为12～48h，不应大于24h。

D1-3-3 转输设施分流引导调蓄

植草沟、渗管（渠）、排水浅沟等转输设施，应合理布设在建筑与小区、城市道路、绿地与广场等场所，将建筑屋面和小区路面径流雨水、城市道路径流雨水、城市绿地、广场及周边区域径流雨水导流至以雨水渗透、调蓄等为主要功能的源头减排设施。渗管（渠）不适用于地下水位较高、径流污染严重及易出现结构塌陷的区域。

转输设施竖向设计应利于雨水通过地面径流汇入源头设施，其进水口高程应低于汇水面，与汇水面平顺衔接，出水口与排水设施平顺衔接。转输设施进水口应因地制宜采取消能措施。

D1-3-4 调蓄设施助力水量削减

湿塘、雨水湿地、调节塘等雨水源头调蓄设施，应因地制宜设置在建筑与小区、城市绿地、广场及城市水系等具有空间条件的场地，可与下沉式公园及广场、湿地公园等合建，构建多功能调蓄设施，应对较大重现期的降雨调蓄削减峰值流量。调蓄设施的设计水位、调蓄水深、调蓄容量及设计排空时间应根据景观和内涝防治要求、安全性、竖向关系等综合比较后确定，符合国家相关标准规定。

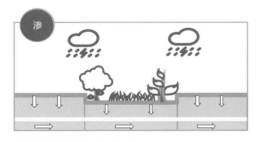

渗透设施源头削减径流示意

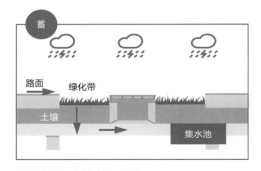

调蓄设施源头削减径流示意

D1-4

老旧小区更新改造

分析评估老旧小区的建设现状和建设条件、已有设施运行状况、区域排水状况、内涝积水点位情况及内涝风险等，以解决内涝、污染等问题为重点目标，对小区道路、绿化、停车场等区域合理进行海绵化更新改造，提高小区的排水防涝及雨水蓄存利用能力。

D1-4-1 改造建设减排设施原则

老旧小区雨水源头减排设施的建设与更新改造，应在评估建设现状和建设条件、已有设施运行状况、区域排水状况、内涝积水情况、内涝风险等的基础上，以解决内涝、污染等问题为重点目标，综合内涝防治、可改造空间等，合理确定改造建设雨水控制指标、源头减排方案。

已有源头减排设施的更新改造，应结合现状条件，通过优化竖向设计解决小区积水和内涝问题，不宜进行大范围调整，必要时可增设排水设施等。确保小区改造后对于相同的设计重现期，雨水径流峰值和径流总量不应高于改造前。

D1-4-2 合理更新改造小区道路

根据小区已有道路平面布局、高程设计等现状及易涝点、内涝点位置等，结合小区地势特点、竖向设计等，合理改造优化道路横坡及纵坡坡向、路面与道路绿化带及周边绿地的竖向关系。

路面排水改造采用生态排水方式，通过路缘石开口等措施，使路面雨水首先自然汇入道路绿化带及周边绿地等在内的生物滞留、生态树池等减排设施；设置或改造设施内的溢流排放系统，与小区内其他减排设施或市政雨水管渠系统、超标雨水径流排放系统平顺相衔接。

路面在满足使用功能要求下，应将硬化的不透水路面更新改造为透水铺装路面，非机动车道、人行道采用透水砖、透水水泥混凝土，机动车道采用透水沥青混凝土路面。绿地改造或改造为绿地的，应采取措施保障绿地的透水性。

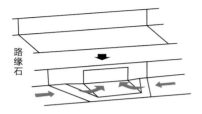

路缘石开口路面径流雨水流入绿地

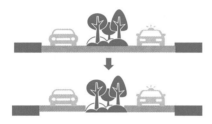

改造小区路面与周边绿地竖向关系

D1-4-3 合理更新改造小区绿化

应结合小区绿地分布、规模与竖向设计及绿地规划指标、场地条件等，因地制宜地在绿地内更新改造建设可消纳建筑屋面、路面、广场及停车场径流雨水的生物滞留池等源头减排设施，并通过溢流排放系统与城市雨水管渠系统和超标雨水径流排放系统有效衔接。

可将小区内建筑、道路和停车场等周边绿地，以及小区集中绿地改造为具有雨水入渗和滞蓄作用的下凹式功能绿地等，并设置安全防护设施。根据场地条件等，必要时可增建下凹式绿地、雨水花园等渗、滞、蓄生态设施。

D1-4-4 合理更新改造其他设施

小区内的停车场、广场应改造为透水铺装，并设置渗透水地下排放设施等。小区内的建筑屋面可根据气候条件、降雨特征、水资源状况和用水需求等，因地制宜改造成绿色屋面，实现对雨水的单独收集和净化利用，对任意排放雨水的屋面，应将屋面立管断接引至周边绿地、生物滞留等设施，并与下游设施有效衔接。

应结合小区排水体制情况，校核雨水口过流能力，更新改造雨水口，针对分流制排水系统的合流制

用地，应开展雨污分流改造，存在雨污混接的，应开展雨污混接改造。

在更新改造过程中，不应缩减小区内景观水体现有的调蓄容量。不具备雨水调蓄、输送和排放功能或调蓄容量不足的，应根据小区内涝情况和更新改造防治设计标准，结合场地条件、竖向等，因地制宜进行整治，改造为具备渗、滞、蓄功能能调蓄、输送小区雨水的景观水体，并与雨水管渠系统、超标排放系统有效衔接。

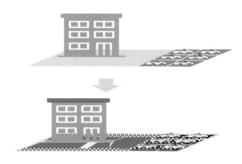

小区屋面、硬化地面及停车场改造示意

D2
调蓄控排

D2-1
优先利用公共空间

遵循"绿色优先、绿灰结合、蓝绿交融"的原则，优先利用天然低洼地、坑、塘、沟、渠、湿地、河道及绿地、广场、运动场等公共空间，进行雨水的滞蓄、调节、净化与利用，降低灰色设施的排水压力，增大韧性空间，提高安全冗余度。

D2-1-1 利用水体生态设施调蓄

遵循"绿色优先、绿灰结合、蓝绿交融"的原则，优先利用自然洼地、沟、坑、塘、渠、湿地等水生态敏感区和景观水体、天然雨洪通道等作为雨水的滞蓄空间，控制雨水径流与峰值变化，必要时通过竖向设计、改造，合理控制其标高，接纳周边汇水区域的雨水和转输、调蓄、排放来的雨水，充分发挥其雨水源头滞蓄作用，对超过源头减排设施和排水管渠承载能力的雨水，自然调蓄控峰、排放和（补水）利用。

D2-1-2 利用绿地广场设施调蓄

在综合考虑绿地和广场等功能和构造、安全防护要求、积水风险、积水排空时间和其他现场条件等情况下，结合周边地势标高和道路标高等，优先利用已有的绿地、广场、运动场等公共空间，接纳周边地块和道路汇水区域的雨水，必要时通过竖向设计、改造，合理控制其标高，对超过源头减排设施和排水管渠承载能力的雨水进行调蓄和控峰。

D2-1-3 修复增加生态滞蓄空间

应恢复已封盖、填埋的天然排水沟、河道等受到破坏的水生态调蓄体，并保持雨水调蓄、行泄通道和河道漫滩等设施的畅通。对不具备雨水调蓄、输送和排放功能或调蓄容量不足的小区景观水体、内河河道等水体，应校核其调蓄容量，根据内涝防治设计标准，并与防洪标准相协调，结合竖向设计、改造，进行整治，可采取提高其过流能力的工程措施，扩大现有水域面积，扩展增加调蓄空间。

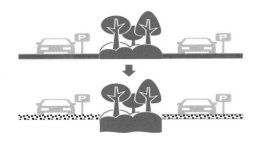

停车场周边绿地改造增加雨水滞蓄空间

应结合绿地规划，恢复城镇建设中破坏或减少的绿地面积，留白增绿，或者在已有建筑、道路和停车场等周边绿地，街心公园，小区集中绿地等区域，结合竖向设计和景观设计，增加设置具有雨水入渗和滞蓄的功能绿地，增加雨水的滞蓄空间。

D2-2
合理建设调蓄设施

遵循海绵城市建设理念，综合考虑空间需求、建设成本等，充分利用现有自然蓄排水设施，并协调水体、园林绿地、排水泵站等设施规划，坚持先地上后地下、先浅层后深层、集中与分散相结合的原则，合理规划建设调蓄设施。

D2-2-1 合理规划布局调蓄设施

在充分利用现有自然蓄排水设施基础上，当排水量超过市政管网接纳能力时，应根据内涝防治设计标准，结合城镇布局和用地情况，综合考虑空间需求、建设成本等因素，坚持"先地上后地下，先浅层后深层"原则，集中与分散相结合，因地制宜合理规划与建设水体、绿地、广场和调蓄池、调蓄隧道等调蓄设施。

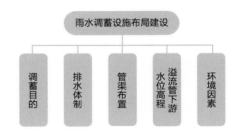

调蓄设施位置确定考虑因素

应根据新建地区和既有地区的不同条件，结合场地空间、用地、竖向等选择和确定调蓄设施的类型和形式。调蓄设施应与城镇景观、绿地、运动场、广场、排水泵站、地铁、道路、地下综合管廊等设施和内河内湖等天然调蓄空间统筹考虑，相互协调。可采用多个工程相结合的方式达到调蓄目标，有条件的地区可采用数学模型进行方案优化，确定调蓄设施位置。

D2-2-2 合理确定设施调蓄容量

用于合流制排水系统溢流污染控制、分流制排水系统径流污染控制、削减峰值流量、雨水综合利用等不同功能的雨水调蓄设施，应根据径流控制目标、雨水设计流量、调蓄设施主要功能和目的等，按国家相关标准计算设计确定调蓄量。多功能调蓄设施的调蓄量，可综合考虑自身景观或休闲娱乐功能和调蓄目标确定。

D2-2-3 建设公共空间调蓄控排

根据城市总体规划、排水防涝、防洪和水系规划等，结合地形地貌、土地利用、竖向规划等，在不能满足城镇内涝防治标准时，应结合规划建设或在已有的源头减排、排水管渠和排涝除险设施以及竖向设计和场地条件等基础上，在小区、公园及城镇区域层面建设或更新改造绿地、广场及水体调蓄工程，利用建设的公共空间，进行雨水径流的调蓄和控排。

1. 绿地调蓄

新建、扩建或更新改造建筑、道路和停车场、广场、滨河空间等周边绿地，道路绿化隔离带，街心公园，小区集中绿地等均具有雨水入渗和滞蓄的功能。通过合理竖向设计，可对超过源头减排设施和排水管渠承载能力的雨水进行调蓄。下凹式绿地排空设计时间不应大于植物耐淹时间。

2. 广场调蓄

下沉式广场的建设和更新应综合考虑广场构造和功能、整体景观协调性、安全防护要求、积水风险、积水排空时间和现场条件等因素，广场调蓄排空设计时间宜为降雨停止后2h内。

3. 水体调蓄

小区、公园、城镇区域低洼地区，应根据城镇总体规划中蓝线和水面率要求，结合竖向设计，新建、扩建或更新改造湿塘、内河内湖等水体。

D2-2-4 因地制宜地建设调蓄池

市政条件不完善或下沉广场、低洼区域及排水标准高的区域，当排水量超过市政管网接纳能力时，应根据调蓄目的、用地、排水体制、管渠布置、周围环境等因素，结合城镇水体、园林绿地、水污染控制、排水泵站等相关设施，因地制宜地选择建设调蓄池。

在地下空间受限、无法建设调蓄池的地方，可因地制宜地建设大口径的"调蓄管"。

用于控制径流污染的调蓄池，当进水污染初期效应明显时，宜采用接收池；当初期效应不明显时，宜采用通过池；当进水流量负荷大，且污染持续较长时间时，宜采用联合池。用于削减峰值流量和雨水利用的调蓄池，宜采用接收池。

应根据调蓄池功能、排水体制、管渠布置、用地条件等因素，经技术经济比较后确定调蓄池的有效容积、有效水深、池体设计等，有条件的可采用数学模型确定。

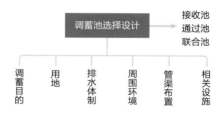

调蓄池选择设计考虑因素

D2-2-5 科学合理选建隧道调蓄

应根据调蓄目的、用地、排水体制、管渠布置、周围环境等因素，在符合城镇地下空间开发和管理的要求下，与相关规划相协调，经全面严格计算分析与论证，在内涝易发、地上建筑密集、地下管线复杂、地下浅层空间无利用条件、现有排水设施改造难度高的地区，可建设以溢流污染控制、内涝防治和转输等功能为主的深层隧道排水调蓄工程。

根据功能要求，结合排水系统、城镇道路和河道水系等情况确定隧道调蓄工程位置和走向；根据内涝防治设计标准要求，综合考虑源头减排设施、排水管（渠）设施和其他排涝除险设施的规模，经数学模型计算后确定隧道调蓄容量；应与地下空间规划相协调，并根据排放条件、当地土质、地下水位、河道、原有和规划的地下设施、施工条件、经济水平和养护条件等因素确定埋深。

D2-3

强化设施安全运维

调蓄控排设施是市政雨水系统的重要组成部分，应因地制宜强化设置雨水调蓄系统的拦截净化预处理设施、安全防护设施，以及设施正常运维的安全管控措施，保障雨水调蓄控排系统的全过程安全运维。

D2-3-1 设置拦截净化预处理设施

雨水径流进入调蓄设施前应设置拦截净化设施或采取适宜措施进行预处理，以防造成调蓄设施运行维护的困难。没有经源头净化设施处理的雨水径流，特别是污染较为严重的雨水径流，进入调蓄设施前应设置专门的拦截净化设施，去除大粒径杂物和悬浮物等。内河内湖调蓄工程宜通过构建生态护坡和陆域缓冲带等生态措施，削减进入内河内湖调蓄工程的雨水径流污染。

调蓄设施前设置拦截净化预处理设施

D2-3-2 设置安全防护设施措施

调蓄设施内应根据调蓄设施类型、安全防护需要等，因地制宜地合理设置通风、排气、除臭、清淤冲洗、监测控制、报警及数据传输上报系统等附属设施和检修通道，并应配备安全防护、检测维护设备和用品。

1. 绿地广场

用于排涝除险调蓄的城镇绿地和广场，应设置安全警示牌，标明调蓄启动条件、淹没范围和最高水位。下沉式广场还应设置清淤装置、检修通道、疏散通道和预警预报系统。

2. 调蓄池调蓄隧道

调蓄池、调蓄隧道内应设置实时水位、水量监测系统，排空泵站和备用泵，送排风设施等，宜设置集中的控制系统，对管渠系统所有连接点和泵站实行水

位水量监测，收集、上报实时数据。易形成和聚集有毒有害气体的区域，应设置固定式有毒有害气体检测报警设备，且预留有毒有害气体监测孔；可能出现可燃气体的区域，应采取防爆措施。配电室、控制室和值班室等宜采用地上式，并应设有防淹措施。

D2-3-3 强化设施运维安全保障

调蓄设施应根据调蓄目的等设定合理的调蓄时间，宜采用重力流自然排空，必要时可用水泵强排，降雨前及时排空。应设外排雨水溢流口，溢流雨水应采用重力流排出。

用于控制雨水径流污染的调蓄设施，其出水应接入后续雨（污）水处理系统，当下游雨（污）水处理系统无接纳容量时，应对下游雨（污）水处理系统进行改造或设置就地（快速）处理设施。

用于雨水利用的湿塘、雨水湿地、景观水体等调蓄设施，应根据利用目的、途径和调蓄时间等，采取合理的水质控制与保持措施。

D3

净化利用

D3-1

分类收集分类处理

应根据区域气候特征、下垫面情况等，分类收集合适的雨水，根据收集的雨水水质及过程变化，选用适宜工艺技术进行分类净化处理与分级利用，坚持灰绿处理设施结合、绿色优先的原则，实现雨水的资源化利用。

D3-1-1 合理分类收集径流雨水

宜选择污染较轻的屋面、广场、硬化地面、人行道、绿化屋面等汇流面，对雨水进行收集利用；垃圾场站、医院、工业和物流仓储区等有雨水污染区域的雨水不应收集利用，被污染的雨水应单独收集处理后达标排放；不同汇流面的雨水径流水质差异较大时，应分别收集与处理。

对存在初期冲刷效应、污染物浓度较高的降雨初期径流，应设置适宜的初期雨水弃流设施予以弃除。除利用绿色生态调蓄设施、雨水泵站与调节池等灰色调蓄设施收集径流雨水外，也可采用专门的雨水罐、蓄水池收集雨水。

D3-1-2 合理确定收集回用规模

根据区域水资源禀赋、水资源配置、利用目标、雨水用水时间与雨季降雨规律的吻合程度、用水的水质要求等经水量平衡分析确定雨水收集利用规模。结合气候和降雨特征、用水需求等，可合理利用水体等雨水调蓄设施作为雨水收集利用的储存、调节设施，适当降低雨水收集利用设施的容积。

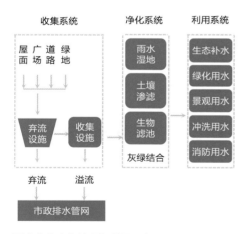

雨水收集净化处理与利用示意

D3-1-3 合理选用净化处理技术

应根据径流雨水水质、回用场所与用途等，因地制宜尽量选择环境影响相对较小、运行维护成本相对较低的高效雨水净化技术，坚持灰绿处理设施结合、绿色优先的原则，优先选用绿色生态设施，如雨水湿地、多级生物滤池、人工土壤渗滤设施等。当雨水利用于景观水体时宜选用生态处理设施；用于一般用途时，可采用过滤、沉淀、消毒等设施；当出水水质要求较高时，也可采用混凝、深度过滤等处理设施。有条件时可将雨水净化处理与水体水质改善、污水再生处理有效结合，降低单位能耗。

D3-2

积极推进分级利用

> 雨水是重要的可就地与本地利用的水资源，雨水资源化利用需要因地制宜，将雨水纳进区域水资源统一开发与配置，并根据雨水水质和雨水用途及其用水对象分类，就地就近分级利用。

D3-2-1 因地制宜推进雨水利用

新建、改建和扩建地区，应根据区域水资源禀赋、水资源配置和经济发展水平，结合气候和降雨特征、用水需求等，因地制宜、积极推进雨水资源化利用，将雨水纳入区域非常规水循环利用过程，考虑不同季节雨水库、塘调蓄利用。

D3-2-2 合理确定雨水分级利用

应根据雨水可收集量和利用水量，用水对象、用水时段、水质要求及雨水水质等因素，就近合理确定雨水利用场所与途径，分级利用。将屋顶、路面、绿地、管道、雨水调蓄设施等收集的雨水净化处理并优先利用于生态环境补水、景观绿化用水、路面冲洗用水、汽车冲洗用水、工业循环冷却用水等。补充水体的雨水以及水体调蓄的雨水，可根据水质情况直接或经简单净化处理，用于绿化、路面冲洗等。

D3-2-3 合理强化雨水水质保持

初期雨水可采用快速净化设施处理后排入接纳水体，市政雨水管渠雨水排放口处应尽量设置径流污染控制设施，可采用雨水沉淀池、生态塘、人工湿地等，以保障雨水调蓄水体水质不发生恶化，必要时化学絮凝沉淀及过滤。雨水净化利用的储存设施、输送设施，应根据雨水输送时间、储存时间、雨水用途、用水水质要求等，采取合理措施保持水质不发生不利变化。

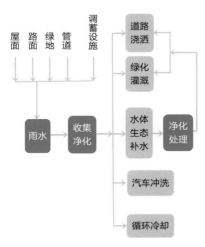

雨水分级利用示意

D4

排水防涝

D4-1

统筹排水防涝标准

> 排水防涝标准是市政排水系统和排涝系统综合协调作用下的规划设计要求，需要统一排水标准和排涝标准，确保设计重现期或雨量条件下，雨水能顺利排放，大雨不积水，暴雨不成灾，超量雨水应急保安全。

D4-1-1 合理衔接确定建设标准

应根据城镇类型、汇水地区的用地性质、地形特点、气候特征、汇水面积、积水影响程度和内河水位变化等因素，结合本地降雨规律和暴雨内涝风险情况，并统筹合理衔接城市防洪、道路交通、绿地等相关系统建设标准，经技术经济比较综合确定雨水管渠和内涝防治设计重现期（或特定雨型的降雨量），不应降低市政工程范围内的雨水排放系统设计降雨重现期标准，保证雨水排水设计重现期对应的降雨情况下，不应有积水，内涝防治设计重现期对应的暴雨情况下，不出现内涝。对近期难以达到设计重现期的区域，可结合地区的整体改造和易涝点治理，分阶段达到标准，并应考虑应急措施。设计重现期标准宜采用小时降雨量表示。

D4-1-2 重要区域适当提高标准

在人口密集、灾害易发、重要地下空间、重大风险点等重要区域，排水防涝设施建设标准应采用国家标准的上限，并可视区域发展实际需要，适当超前提高有关建设标准。高起点规划的建设区域，应高标准建设排水防涝设施。

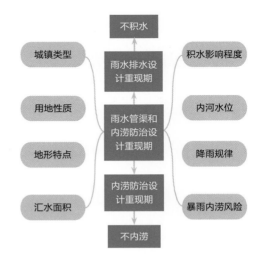

排水防涝设计建设标准考虑因素及目的

D4-2

强化工程体系建设

> 排水防涝工程体系的建设，需要绿-蓝-灰系统的蓄排结合；因地制宜地构建源头减排、管网排放、蓄排并举、超标应急的城市排水防涝工程设施体系及管理平台，进行全过程的管控与应对，提高城市综合防御能力和灾害应对能力。

D4-2-1 合理规划布局排水管渠

雨水排水管渠系统规划应与市政道路、竖向、防洪、地下空间等专项规划和设计相协调，满足雨水管（渠）设计重现期标准的同时，还应与源头减排设施、排涝除险设施相协调，满足内涝防治的要求。

应根据城市水脉格局、地势、用地布局，结合道路交通、竖向规划及受纳水体位置，按照高水高排、低水低排的原则合理确定雨水排水分区，宜与河流、湖泊、沟塘、洼地等天然流域分区相一致。立体交叉下穿道路的低洼段和路堑式路段等应设独立的雨水排水分区。

应根据城镇的总体规划，结合当地的气候特征、地形特点、水文条件、水体状况等因素，因地制宜地选择雨水排水体制。除降雨量很少的干旱地区外，新建地区的排水系统应采用分流制。

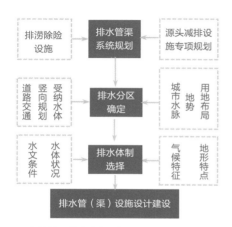

雨水管渠系统规划设计建设考虑因素

D4-2-2 更新改造建设管渠系统

1. 加大管网建设力度

加大排水管网的建设力度，消除排水管网建设的空白区。新建排水管网应尽可能达到国家建设标准的上限要求。

2. 更新改造排水管网泵站

改造易造成积水内涝问题和混错接的雨水管网，修复破损和功能失效的排水防涝设施，更新更换旧城区、老旧小区等安全隐患突出的老旧雨水管网，更换管道口径较小的雨水管网，铺设较少的区域加铺管网。因地制宜推进雨污分流改造，暂不具备改造条件的，通过截流、调蓄等方式，减少雨季溢流污染，提高雨水排放能力；对于外水顶托导致自排不畅或抽排能力达不到标准的地区，改造或增设泵站，提高机排能力，重要泵站应设置双回路电源或备用电源。

3. 更新改造排水附属设施

改造雨水口等收水设施，确保收水和排水能力相匹配。雨水收集设施过水能力不足的，增设雨水口。更新改造雨水排口、截流井、阀门等附属设施，确保标高衔接、过流断面满足雨水顺畅过流，达到排放要求。

D4-2-3 构建强化排涝除险系统

对内涝防治设计重现期下超出源头减排设施和排水管渠承载能力的雨水，应设受纳水体、调蓄设施和行泄通道等进行排除。

应优化利用河道、湖泊、池塘和湿地等水体以及绿地、广场等公共空间，作为排涝设施的重要组成部分，安全排放雨水，已有排涝设施不能满足内涝防治标准时，再根据地区降雨规律、暴雨内涝风险、新建地区和建成地区的不同条件，结合场地空间、用地、竖向等，统筹规划，合理建设或更新改造排涝除险设施。

D4-2-4 打通建设行泄排涝通道

对城镇内涝风险进行评估，风险大的地区宜结合其地理位置、地形特点等设置雨水行泄通道。

1. 恢复天然排涝行泄通道

尽可能保护原有水体等自然行泄通道，避免简单裁弯取直天然水体以及侵占水体和生态空间等排涝行泄通道，恢复和保持城市及周边河湖水系的自然连通和流动性，加强城市外部河湖与内河、排洪沟、桥涵、闸门、排水管网等在水位标高、排水能力等方面的衔接，确保过流顺畅、水位满足防洪排涝安全要求。因地制宜恢复因历史原因封盖、填埋的天然排水沟、河道等，扩展城市及周边自然调蓄空间。

2．开展排涝行泄通道整治

现有河道、湖塘、排洪沟、道路边沟等行泄能力不足的，应合理开展整治，疏浚河道，扩大行洪断面等，增加排涝泵站，提高行洪排涝能力，确保与城市管网系统的排水能力相匹配；对于行泄能力不足而又不能改造河道等情况，可借鉴东京"分水路"做法，与排水能力较强的相近河道建设连接通道，将部分洪水引入其他河道。

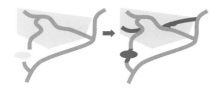

恢复水系连通与恢复已填埋排水沟

3．设置道路行泄通道

与周边用地竖向规划、道路交通、市政管线等情况相协调下，易涝区域可选取排水系统下游、非交通主干道、非人口密集区和非可能造成严重后果的道路为排涝除险的行泄通道。行泄通道上的雨水应就近排入水体、管渠或调蓄设施，设计积水时间不应大于12h。

D4-3

超标降雨应急管理

完善市政排水与内涝防范的相关应急预案，加强暴雨洪涝的预测、预报、预警能力及完善预警预报发布路径建设，强化抢险应急物资和应急设备配置与储备，加强公众安全风险防范培训，增强个体自救与群体互救能力，应对超标降雨。

D4-3-1 编制城市洪涝风险图

编制包含基础地理信息、水利工程信息、洪水风险要素及其他相关信息的城市基本洪涝风险图，提升城市洪涝预警能力，为城市超标雨水应急管理提供基础信息支撑。

D4-3-2 加强"四预"体系建设

加强预报、预警、预演、预案体系建设，加强会商研判，以提升超标准暴雨应急管理能力。

1．预报

在新一代天气雷达的强降雨监测预报基础上，建设城市暴雨洪涝全过程、全要素监测网，运用城市洪涝快速模拟技术，实时动态预测预报水淹位置、范围和过程，实现洪涝风险早期识别，合理指导人员转移、抢险布防、交通管制。

2．预警

完善城市洪涝灾害预警发布机制，做好预警发布工作，针对不同用户、不同场景、不同需求进行"实时响应、精准定位、风险分级"精准靶向预警，确保能够及时向责任人和受影响群众发布预警信息，及时启动避险转移、交通管制等。

3．预演

在城市暴雨洪涝应对过程中，运用数字化、智慧化手段，对气象预报—洪涝预报—水工程调度—预警信息发布—多部门应急联动等洪涝应急响应的全过程进行模拟预演，为政府各部门应急联动、协同抢险救灾提供科学决策支持。

4．预案

根据对易涝区和重点防护对象等包括防洪排涝体系自身建设、防汛物资、设备储备情况，抢险队伍等洪涝风险评估基础上，编制超标准洪涝防御预案、城市重大基础设施洪涝防御专项预案。应针对城市更新情况，及时修编洪涝风险图和预案，突出预案的实用性与可操作性。

D4-3-3 配备储备抢险设备物资

根据易涝区和重点防护对象等的洪涝风险评估结果，因地制宜配备移动泵车等快速解决城市排水内涝的专用防汛设备、应急通信设备、应急供电设备和抢险物资，并制定定期检查及完善物资储备制度，建立抢险物资安全管理制度及调用流程等。

D4-3-4 强化科普提升应急避险

制定洪涝应急避险普及教育措施。利用洪涝风险图向社会公布、线上线下普及暴雨洪涝风险源及避险常识科普教育，加强对公众的洪涝灾害应急避险培训，提高群众的防灾减灾意识，科学指导群众学会正确的自保方式，增强危险状态下的自救能力、互助能力和理智行为能力，提高恶劣环境下公众自身对洪涝灾害的适应性。

D4-4
强化安全绿色智能

> 在雨水系统设计、建设、运行过程中，可采用数学模型模拟进行方案优化、设计优化、运行优化；因地制宜地采用适宜的绿色低碳智能新技术、新材料、新设备，设置或实施安全技术设施及措施；加强统筹调度与多系统联合调度。

D4-4-1 合理选用模型模拟优化

源头减排雨水系统、雨水管渠系统、调蓄设施、行泄通道等各个系统、各个系统的单个设施及多个系统联动等的方案确定、设计、提标建设、运行等，都可采用数学模型模拟进行设计、校核，实现设计优化、方案优化、设施布局与设施设计参数优化等目标，同时校核水量、积水深度、积水时间等参数，提高系统科学性和合理性。

D4-4-2 合理选用绿色低碳设施

雨水排水管渠设施的设计与建设，应积极采用新技术、绿色环保材料与设备。例如，采用智能雨水口、分流井、泵站，环保型雨水口、溢流雨水口与排水口及模块化调蓄设施，用地紧张地区采用节地型泵站；采用渠道排除雨水时，应根据地形等优先采用绿

色设施植草沟等植被浅沟。合流制雨水排口入河处可建设生物净化拦网、多级生态滤池、隔离式生态浮岛等原位排口净化设施，市政雨水排放口设置生态塘、人工湿地等生态设施，控制径流污染。

D4-4-3 设置强化安全设施措施

排涝泵站等设施的配电、自控设备等，应采取必要的安全防护措施防止设施受淹。下穿立交道路等低洼、易涝重要交通区域以及重要地下空间等应设置积水深度标尺、标识线和提醒标语等警示标识，以及积水自动监测、报警装置和隔离措施，设置车道信号灯等，有条件地区可采取智能措施将警示、报警与交通、人们出行等联动控制。行泄排涝通道排入水提前应设置隔离栅、水位监控设备和警示标识，道路作为行泄通道应设置行车导向标识等。

D4-4-4 多系统智慧联合调度

在建设完善的雨水管渠系统、排涝除险系统及其监测预警设施基础上，应根据设施情况和当地降雨特征等，加强统筹调度，结合历史监测数据，可采用数学模型，模拟范围内的雨水管渠、合流管道、泵站、闸站、调蓄池等，并根据系统内关键调控节点上游和下游的实时监测数据、模型模拟分析结果，根据排水系统分布特征和末端受纳水体环境容量等因素，建立雨水管渠—泵站—道路—调蓄设施—河湖水系等多系统蓄排智慧联合调度模式，应对洪涝风险。

多系统蓄排的智慧联合调度

D5

智慧运维

D5-1

建立长效运管机制

从基于低影响开发的源头减排设施到雨水排水管渠与排水防涝设施，需要对整个市政雨水系统的全过程运行管理制度进行完善，建立相应的长效机制，加强系统设施的日常维护、隐患排查整治和安全事故防范。

D5-1-1 强化落实明确责任分工

落实相关主体责任，明确分工，加大对雨水系统的监督管理与运营管理力度。主管部门落实与强化对雨水系统特别是排水防涝工程规划、建设、运营的审批、检查、监管、应急管理、追责问责等职责分工，完善相应工作机制。运营单位应落实好运营管理责任，加强专业队伍建设，强化运营管理与维护人员责任；还应分工与责任到位，承担与落实运行维护人员专业培训与能力提升责任等相关任务。

D5-1-2 加强雨水系统日常维护

从源头减排、排水管渠到排水防涝全过程，建立完善的工程档案资料管理制度，基于地理信息系统的数据维护制度，全过程雨水设施日常巡查与维护、隐患排查制度、安全操作技术规程和安全运行管理制度等雨水系统档案。

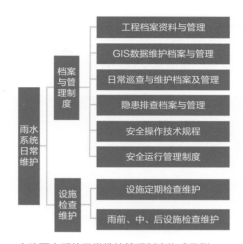

市政雨水系统日常维护管理制度构成示例

因地制宜加强源头减排设施、雨水调蓄空间、雨水调蓄工程维护与运行效能评估，对具有受纳和调蓄周边雨水径流功能的设施，定期检查和维护上游汇水区的接入设施、通道及下游出水区的溢流、排空设施，确保通畅无故障，在中雨及以上级别降雨过程中及结束后对源头减排设施进行及时检查与维护，具体检查维护内容依据设施及相关国家、行业标准规范而定；加强河道清疏，增加施工工地周边、低洼易涝区段、易淤积雨水管段的清掏频次。

D5-1-3 加强日常安全事故防范

暴雨、汛前要全面开展雨水系统的隐患排查和整治，降雨前应根据预报，预降调蓄水体水位，清疏养护排水设施，清理调蓄设施沉积物、杂物等，疏通调蓄空间及行泄通道。加强防范密闭、地下雨水调蓄设施维护时的安全问题，对车库、地下室、下穿通道、地铁等地下空间出入口采取防倒灌安全措施等。针对源头减排设施、排水管渠、调蓄设施运行及管理全过程，建立突发事故事件情况下的应急预案及应对处置措施。

D5-2

建立安全防控体系

> 加强城市洪涝风险区的排水监测、风险评估与预警预报，健全信息互通、资源共享、协调联动机制，实现预警预报及时、抢险物资完备、专业队伍过硬、公众避险自救能力强的安全风险防控体系，有效应对城市内涝及洪涝叠加风险。

D5-2-1 加强监测风险评估预警

强化洪涝风险隐患摸查和风险评估，在洪涝叠加区域、易涝片区、易涝点位等灾害易发区、重要功能区以及排水设施关键节点等布设水位等监测设施和必要的智能化感知终端设备，满足日常管理、运行调度、灾情预判、预警预报、防汛调度、应急抢险等功能需要，加强监测与风险评估、预警，增加新型预警发布方式。

D5-2-2 推进数字化智能化建设

加快推进雨水排水设施数字化、网络化、智能化建设和改造，运用5G、物联网、大数据等新技术对设施进行升级改造，建立智能化管理平台，对设施进行实时监测，提高设施运行效率和安全性能。

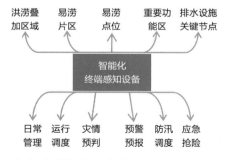

监测和智能化感知设备布设和作用

D5-2-3 建立部门联动应急机制

建立涉及信息共享、预警发布、责任划分等内容的多部门联动机制，在应急管理、水利、气象、水文、交通运输、城市管理等部门间明晰责任分工，建立协调联动、信息共享机制，实现有分有合、互相配合。

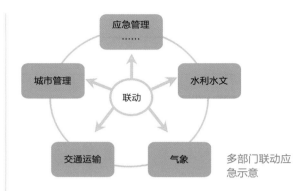

多部门联动应急示意

D5-2-4 强化应急处置能力建设

完善排水与内涝防范相关应急预案，落实各相关部门工作任务、响应程序和处置措施，按职责及时准确发布预警预报等动态信息，做好交通组织、疏导和应急疏散等工作。按需配备移动泵车等快速解决排水内涝的专用防汛设备和抢险物资，并明确完善物资储备、安全管理及调用流程制度。加强排水应急队伍建设，强化抢险应急演练。做好并加大防洪排涝知识宣教育力度。

D5-3

建设排水管理平台

> 通过先进的预报、模拟、监测、控制等技术手段，建立城市雨洪智能管理系统，动态、实时掌握区域雨洪状况，构建智慧雨洪排水系统管理平台，实现市政排水系统自动化监测、网络化办公、信息化管理、实时化调度、科学化决策和规范化服务，为城市雨洪排水系统提供智慧化的运维管理手段。

D5-3-1 构建数据信息管理体系

加强源头减排设施、排水管渠设施、排涝除险设施数据库的建立与信息技术应用，构建全面统一的城市排水防涝数据库信息管理体系，实现所有雨水渗-滞-蓄设施、雨水管渠、水系和泵站、闸坝等设施的数字化、信息化、网络化管理。

D5-3-2 构建自动远程监控体系

在排水设施关键节点、易涝积水点、重要基础设施、排放水体关键水位等布设必要的智能化感知终端设备，构建城区雨洪排放设施的自动远程监控体系，实现城区雨水系统水情工情的实时、连续、动态监控等，满足灾情预判、预警预报、防汛调度等功能需要。

心区位置、发生时间及过程等数据资料，构建城区降雨产汇流和雨洪排放、行泄调控的精确模拟体系，实现对雨洪产生、排放与综合调控过程的超前、动态、实时掌握。通过超前管理、预警管理、实时管理相结合，结合历史监测数据，实时在线监测，分析现状排水系统排水能力，构建市政雨洪智能管理决策体系，实施智慧化调度，实现城区排水系统优化调度、雨洪安全、通畅下泄与综合利用。

检测设施、监控设施布设位置

D5-3-3 构建模拟管理决策体系

结合气象部门降雨精确预报的降雨范围、强度、中

D5-3-4 搭建排水智慧管理平台

利用自动和远程监测技术、通信及计算机网络技术、空间地理信息技术、物联网技术、计算机建模技术和移动互联技术等，构建市政雨洪排水系统智慧管理平台，实现排水系统自动化监测、网络化办公、信息化管理、实时化调度、科学化决策和规范化服务，为市政雨洪排水系统提供智慧化的运维管理手段。有条件的城市，要与城市信息模型（CIM）基础平台深度融合，与国土空间基础信息平台充分衔接。

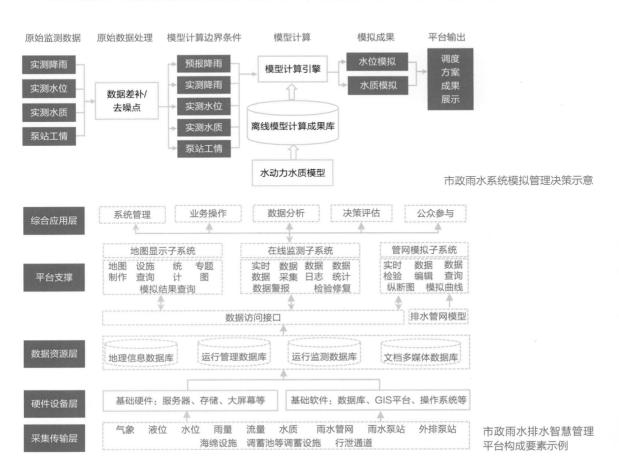

市政雨水系统模拟管理决策示意

市政雨水排水智慧管理平台构成要素示例

RL

RL1-RL4

水体系统

RIVER & LAKE

RL1 系统构建	RL1-1	多规统筹系统整治
	RL1-2	多源污染全面甄别
	RL1-3	区域联动协同治污
	RL1-4	入河排口精准管控
	RL1-5	降雨污染全程减量
	RL1-6	河湖底泥生态清污
RL2 生境营造	RL2-1	生态补水基流保障
	RL2-2	水系循环流态改善
	RL2-3	水体生态生境恢复
	RL2-4	水生植物生态改善
RL3 亲水和谐	RL3-1	自然亲水融合提升
	RL3-2	公众接触安全保障
	RL3-3	水体生态安全保障
	RL3-4	常态运维生态低碳
RL4 智慧运维	RL4-1	智能监控智慧预警
	RL4-2	排水防涝安全保障
	RL4-3	水体污染应急响应

RL1

系统构建

RL1-1

多规统筹系统整治

> 　　城市水系规划与城市总体规划、空间规划、其他涉水专项规划密切相关，水体治理具有系统性，涉及空间统筹和不同规划之间的相互协调，需要综合采取工程和非工程性措施，对污水、雨水等进行系统整治。

RL1-1-1 规划协调优化系统布局

　　调查分析水系所在区域场地特征，理清水系及岸带的结构形式、排口分布、水体水质、水文变化及水生态特征；根据城市水体在国土空间总体规划中的定位、生态环境保护规划要求，明确水环境质量目标；结合城市水体绿色发展理念，提出水体安全保障、亲水和谐、生态改善等功能提升需求，确定水系污染防控规划重点；统筹协调水系、排水防涝、海绵城市等专项规划，形成厂-网-河（湖）系统优化布局方案。

RL1-1-2 污水设施优化污染防治

　　设计应遵循现有涉水规划方案，基于城镇污水系统排水分区和城镇水系位置，合理布局城镇污水收集处理与利用设施。设施规模应充分满足区域近远期人口发展需求，以收集转输效能最大化和生态低碳为目标。优化设计污水管网系统，同时根据水环境质量要求和精细运维需求，积极采用低碳高效污水处理工艺系统，合理设计深度处理和生态改善工艺系统，确保出水稳定达标，同时确保污水资源化回用于城镇水体补水时的水生态安全。

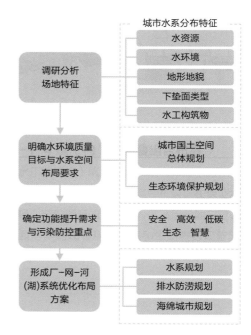

基于水环境质量目标的多规协调框架

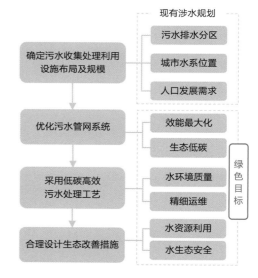

保障水体生态安全的污水设施布局策略

RL1-1-3 绿灰协同雨水污染防控

　　结合区域排水体制、降雨及径流污染特征，协调布局海绵城市源头绿色减排设施、排水管渠、调蓄设施、雨水口或溢流口降雨污染净化设施。按照海绵城市专项规划，优化布局源头减排设施，最大限度削减径流量和径流污染。

推进排水管网提质增效，强化雨天排水能力，合理设计管网调蓄及净化设施，合流制截流倍数应与调蓄池、净化设施规模相匹配，保障雨天处理能力及出水达标排放；水体沿线雨水口和溢流口可根据实际情况布局生态和非生态耦合措施，减少降雨入河污染总量。

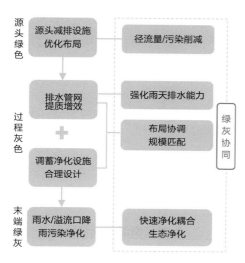

雨水污染的系统防控措施

RL1-2

多源污染全面甄别

城市水体污染源调查是污染防控的前提和基础，要坚持系统性、全面性原则，同时注重特征指标分析，联合采用在线仪表、定期取样、常态巡查、公众调查等多种技术方法与调查策略，科学实施污染源调查，根据来水特征分析进行污染溯源，支撑精准治污。

RL1-2-1 污染调查时空全面覆盖

水体污染源调查应兼顾内外源、上下游、左右岸的污染源排放水量与水质变化特征，并跟踪雨季旱季、雨天旱天、周中周末、白天夜间的变化差异。调查水体上游来水、外调补水等客水水量及污染情况，

沿线排口旱季、雨季排水状况，水体底泥泥量泥质变化，耦合水体水质水量时空变化规律，综合判别主要污染来源。

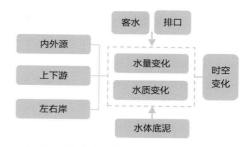

污染源系统调查内容与要素

RL1-2-2 多措并举系统排查污染

城市水体常态运行情况下，一般采用在线仪表、定期取样相结合的方法监控水质及底泥状况，结合水体常态巡查直接观测，排查水体污染状况；当水体沿线局部点位水质异常时，可采用资料审查法和特征水质检测法，核查异常点位是否有排口分布，有排口时，根据排口性质、基于特征因子检测追溯污染来源；无登记在册的排口时，通过公众调查法判定污染时段，必要时采用降低水体水位法，查找排口并确定污染来源。工程中应根据城市水体污染状况、水位及底泥特征，选择技术可行、经济合理的调查诊断方法，识别客水、排口、降雨及底泥污染等问题。

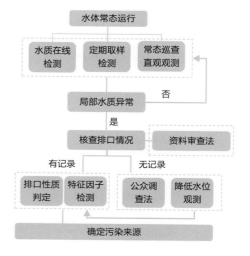

水体污染源排查方法

RL1-2-3 来水特征分析污染溯源

开展城市水体排口、上游或支流、外调水补水等来水水量、水质、污染变化特征及污染物潜在来源分析及季节性水体水质变化特征分析，尤其关注降雨期间上游来水污染、外调水营养盐及藻源对水体的影响等，有条件时，对潜在污染源的NH_3-N、COD、DO、ORP、叶绿素、藻密度及藻种类别等指标进行监测。结合来水水质水量调查，估算输入的污染物量和污染权重及潜在生态风险，采用特征因子法识别排污类别，进行溯源，从源头切断污染排入对城市水体的影响。

城市水体来水污染溯源路径

RL1-3

区域联动协同治污

从流域、子流域层面系统实施污染防治主要包括控源截污、上游来水及水体外调补水污染治理、内源污染清除等，应结合城市水体水质水量变化特征，有效识别污染来源，并协调上下游、左右岸城市涉水管理部门，建立相应的水污染防治机制，形成联动行动方案及工程计划。

RL1-3-1 控源截污综合防治污染

应将彻底控源截污作为系统开展城市水体治理的基础和前提。根据污染排查结果，分类精准实施控源截污措施。采取截污等措施将直排污水及雨水管混接污水截流至临时（应急）污水处理设施进行处理；采取排口原位净化、调蓄池收集再错峰排入污水处理厂或污水处理设施等措施，削减合流制溢流和雨水径流污染；采取原位净化或湿地缓冲等措施控制上游及周边来水污染；提升合流制管网运行流速，减少旱季污染沉积，并进行管网的常态化或雨前清通养护，避免管道淤泥雨季随高流速雨水冲刷入河，污染水体；科学实施水体清淤，有效控制内源污染。

实施控源截污的同时，应加强对污水处理设施能

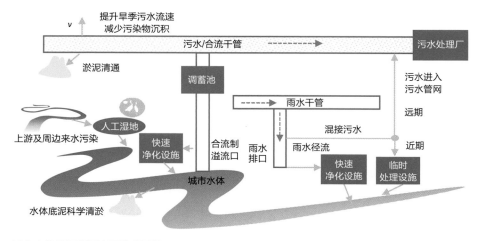

城市水体控源截污治理模式示例

力的系统分析。污水处理设施不能接纳控源截污产生的新增污水量时，应采用必要的净化设施，对超量污水进行净化处理，同步启动污水收集系统效能提升工程或污水处理厂扩建工程。

RL1-3-2 上游来水区域协同治理

评估分析上游来水的污染负荷，确定上游来水的污染控制要求。遵循流域/区域协同治理原则，优化污染控制分配方案，实施来水污染的源头管控。通过流域/区域协作，进行上游或支流水体的农业面源、畜禽养殖等污染源识别和内源治理，避免降雨冲刷造成上游来水污染下游城市水体。上游（支流）来水水量较小且污染源相对分散时，可在城市水体沿线适当区域截流并设置旁路处理设施，对上游来水进行净化处理。

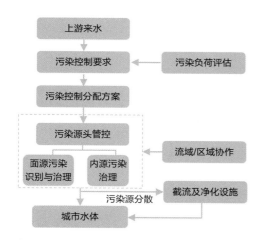

水体上游来水污染协同治理模式

RL1-3-3 外调补水生态风险研判

优先采用水质水量稳定的再生水进行生态补水，再生水水质无法满足补水要求，需优化再生水处理工艺，改善出水水质；再生水水量无法满足补水需求，则需考虑雨水、外调水等替代补水水源。采用外调水补水应分析水源水质特征、水文、水动力情况与城市水体的差异，结合外调水补水后城市水体水质变化情况，评估外调水用于城市水体补水的水质影响与生态风险。

论证采取净化措施或寻求其他非常规水源进行水

体补水的可行性，经技术、经济、环境等综合比选，确定水体生态补水方案，有效避免外调水补水对城市水体的影响。

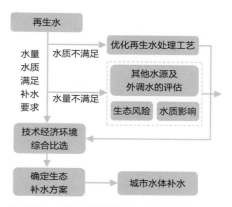

生态补水水质水量保障与生态风险判别

RL1-3-4 工业废水污染科学防治

根据园区工业类型分析废水种类、排放源、主要污染物及负荷，对污染程度不同的废水分别采取不同的处理、处置工艺。强化工业废水处理后回用于园区生产，推动企业清洁生产，鼓励建设循环经济产业园。应根据污染物特征合理制定废水排放考核指标与标准，降低污染物进入水环境的总量，并降低工业废水处理的运行费用。同时，可借助信息化、智能化现代技术提升企业污水处理监管水平，实现工业废水处理、排放过程中的在线记录与数据远程传输。

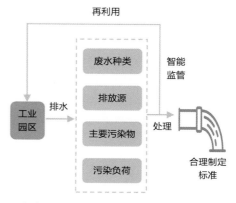

工业废水污染防治要点

RL1-4

入河排口精准管控

> 入河排口的科学管控是从根本上削减入河污染总量的关键所在，应在系统识别入河排口现存问题的基础上，综合采取截污与控污相结合的治理措施，并注重截污与治污能力的协同以及控污措施的针对性和有效性。

RL1-4-1 排口特征分析问题排查

查阅城市水体沿线排水管网与排口的相关图纸资料，实地踏勘明确排口类型及分布情况。跟踪分析城市水体沿线旱天污水直排口的水质水量变化特征；合流制溢流口、分流制雨水口降雨污染物排放及水质水量变化情况，根据排口与排水管网的连接关系，开展污水直排口、合流制溢流口、分流制雨水口等排口的溯源排查。

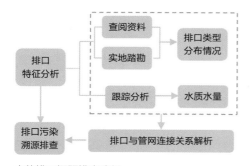

水体排口问题排查路径

RL1-4-2 加强排口监管污染整治

加强对沿街商铺雨水口排污、工业清水、施工降水借由排水管网排放等非法排水行为的管控。严禁餐饮企业借由雨水口排放餐饮废水并采取监管处罚措施；明确要求施工降水排入雨水管网须采取预处理措施，避免对排入水体造成污染；工业清水排入城市水体，其排口要依法取得排污许可；严查各类偷排行为，杜绝水体沿线排口旱季排污，减少雨季入河污染。

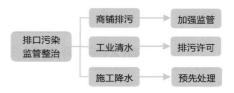

基于排口污染整治的排水管控重点

RL1-4-3 设施优化控制排口污染

遵循"源头改造为主、末端治理为辅"的原则，根据排查的直排污水来源，有针对性地消除或分类处理。尚未完成污水管网接入服务的区域，应实施管网建设，消除管网空白区；开展管网健康诊断，系统实施雨污混接错接改造和管网修复、沿程截污，避免雨水口旱季排污；截污工程实施前对配套管网和污水处理设施冗余能力进行系统性评估；问题管网改造和修复工程完成前，可采取末端临时截控措施收集处理排口污水，合理提升现有设施处理能力，满足长效污染控制需求。

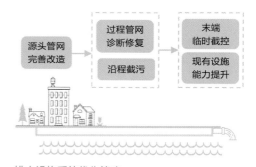

排水设施系统优化策略

RL1-5

降雨污染全程减量

> 系统布局建设海绵城市基础设施、沿河排口的快速净化设施、初期雨水和合流制溢流的调蓄设施，有效截流、调蓄、净化雨水，降低进入城市水体的污染物总量，提高降雨后水体水质的快速恢复能力，重点控制可导致水体黑臭和蓝绿藻暴发的水质指标。

RL1-5-1 降雨污染成因全方位梳理

对于分散进入水体的雨水径流，分析径流污染特征，梳理径流路径下垫面构成，源头、转输过程、水体岸带全过程污染减排措施配置状况，系统分析散排方式进入水体的雨水污染成因。

对于通过排水管网进入水体的雨水径流，通过监测分析，明确雨水径流污染、雨水管道淤泥情况及合流制管网截流倍数及污染沉积状况等对降雨污染的贡献程度。

结合分流制雨水口旱季雨季排水特征及关键节点水质水量检测分析，判别源头雨水径流污染、污水混接、沿街商铺不合理排污等与降雨入河污染之间的关联。

系统梳理合流制管网截流倍数、流速等设计运行参数与合流制溢流污染间的响应关系，披露合流制溢流污染的内在原因。

RL1-5-2 合流制溢流污染系统控制

针对合流制溢流污染及其特征水质指标，采取"源头—过程—末端"等工程及非工程措施，降低合流制溢流污染总量和频次。

建设具有蓄水功能的海绵设施，通过源头控制和过程减量措施减少进入合流制排水系统的雨水量，降低降雨径流污染对水体的影响。

雨季前降低管网运行水位并实施清通养护，保障合流制管道旱季流速不低于最小不沉流速，缓解旱季沉积物雨季冲刷造成的水体污染问题。

系统评估污水处理厂雨季处理能力，科学设定与处理能力匹配的截流倍数及调蓄设施，并有效解决调蓄设施出水排放面临的环保审批问题。

城镇污水处理厂具有一定的雨季处理能力时，应在保障污水处理厂稳定运行达标排放的情况下，恢复并提高截流倍数，适当增加降雨期间的处理水量；现有城镇污水处理能力无法匹配合流制溢流污染控制要求时，可在合流制溢流口前端增设以颗粒污染物去除为主要功能的快速净化设施，削减降雨污染。还可将合流制溢流污染快速净化设施与溢流提升设施合并建设，净化后出水通过原有溢流口或雨水口排放进入水体。

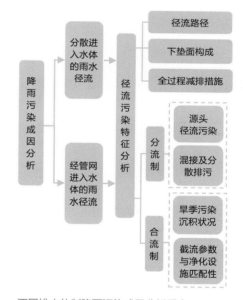

不同排水体制降雨污染成因分析重点

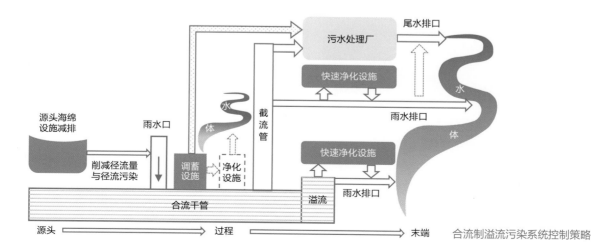

合流制溢流污染系统控制策略

RL1-5-3 分流制雨水污染全程减控

针对分流制降雨污染，可采取"源头—过程—末端"等工程及管理措施进行控制。建设海绵设施，从源头削减雨水径流污染及雨水径流量；实施雨污混接错接的改造，避免污水进入雨水管道导致污水直排，避免雨水进入污水管导致降雨时污水溢流；治理倒灌点和入渗点，避免清水侵占排水管道空间影响雨水转输能力；建设快速净化设施及湿地、生态滤池等生态净化措施，减少雨水管道降雨冲刷污染入河量；规范排污许可管理，实施管网清通养护。

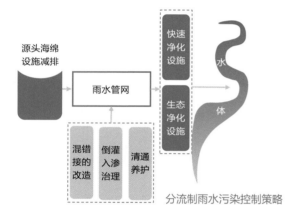

分流制雨水污染控制策略

RL1-6

河湖底泥生态清污

河湖底泥是水体污染的内源因素，适时进行河湖底泥淤积状况与泥质特征的分析是合理实施底泥污染处理处置的前提，并且要在保障水生生物生境的基础上，根据河湖水体水质泥质、地理位置、施工条件科学实施生态清污，减小清淤对水生态系统的不利影响。

RL1-6-1 底泥污染特征评估

根据河湖水体降雨前后的底泥淤积深度、淤积范围、分层底泥颜色和泥质等，判定底泥污染的来源是雨季管网沉积物冲刷还是常态化的干沉降，抑或是综合因素，同时识别水体清淤后底泥淤积的进程、污染物类别及季节性变化与水体黑臭的响应关系，系统评估底泥污染特征，为清淤决策提供可量化的指导。

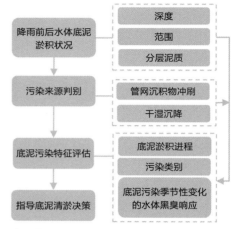

底泥淤泥与污染分析重点

RL1-6-2 生态清污科学处理处置

系统评估水体历史积存底泥的泥质、深度、护岸结构、水体生态系统状况等，结合当地气候特征、底泥污染状况及对水体水质的潜在影响、水体蓄水量等因素，合理选择清淤季节，确定清淤方式、范围和深度，保证清除历史污染，且不影响水生生物的生长繁衍。

根据河湖水体地理位置、底泥污染程度、施工条件等，实施底泥清污分离，清出污染底泥并进行原位或异地处理处置，避免底泥污染物释放造成水体污染；明确清淤施工场地范围、原位处理要求，异位处理运输线路、临时堆场沥水与固化、处置与利用等具体要求，确保低碳生态。

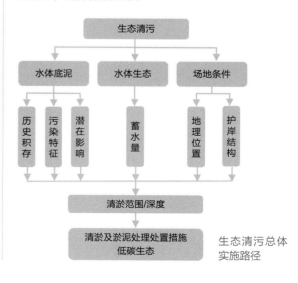

生态清污总体实施路径

RL2

生境营造

RL2-1

生态补水基流保障

> 根据城市水体功能定位合理确定水资源需求，补水应满足水体维持基本形态和生态功能的最小流量，构建生态基流区划系统；科学测算生态需水量，系统论证雨水、再生水等非常规水源补水保障能力，开展水量的动态平衡分析；综合平衡非常规水源补水比例，建立动态的补水调控机制。

RL2-1-1 结构优化生态基流改善

城市水体规划设计应统筹水体功能定位，保证维持河湖基本形态和生态功能的最小流量，避免河道断流和水生生物群落的不可逆破坏。可通过水体断面优化，控制水体旱天低水位运行，改善生态基流并为雨天排涝预留安全空间。

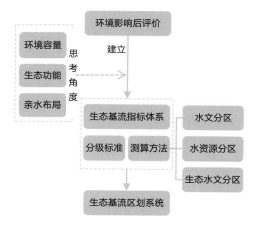

城市水体生态基流区划系统构建路径

以现有规范、指南等为基础，以法律法规的形式切实保障生态基流，同时积极开展市政工程的环境影响后评价。从生态功能、亲水布局、环境容量、景观文化等角度出发，建立生态基流指标体系，结合水资源分区、生态水文分区等方法，建立河流生态基流分级标准和测算方法，构建生态基流区划系统。

RL2-1-2 水量平衡生态需水保障

根据城市或区域水资源状况、降雨特征、地形地貌、水体结构及水文特点等实际情况，测算生态需水量及可利用水资源量，进行生态水量平衡分析。结合城市水体功能定位以及公众接触和生态安全保障的基本要求，优化配置城市水体补水水源，在满足公众和生态安全基本要求的前提下，优先选择城市污水处理厂再生水、经处理后的雨水、水体净化水或排污口原位处理水等非常规水源作为城市水体的补充水源。

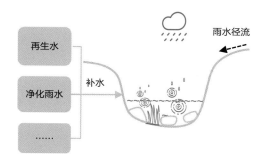

非常规水源生态水量平衡保障模式

RL2-1-3 多源补水水量动态调控

通过部分外调水系水源进行补水的城市水体，需对外调水水质及季节变化特征进行系统性调研，综合平衡从城市外水系调水和利用城市内雨水、再生水等非常规水源补水的比例，根据城市水体季节性水质特征、应急水质保障需求，建立生态补水动态调控机制。

调用城市外的江河湖库水作为城市水体主要水源时，应强化沿程水量平衡分析，避免过量入渗加剧沿程水量损失，影响下游生态流速；还应加强外调水补水的生态风险分析，避免补水后城市水体藻类暴发，对水生态造成不良影响。

RL2-2

水系循环流态改善

充分利用水体河床、岸线、水位等自身结构属性营造良好自然流态的基础上，可通过水体的内循环、多点补水循环、旁路提升循环等人工干预措施，优化提升水体动力，改善水力流态，提升和保障水体水质与生态功能。

RL2-2-1 补水循环提升水体动力

基于合理的生态补水配置，结合城市水体特征，采取运行水位控制、清水补给、活水循环、联排联调等水动力维持与改善措施，保障水体生态流速/流量或换水周期，提高水体自净能力。可在水体下游区域设置提升、输送和水质净化设施，强化水体循环，改善水动力，保障水体水质。

补水及循环调度提升水体自净能力

RL2-2-2 多点循环改善水力流态

根据城市水体所处区域特征，结合地形地貌、岸线形态及河床深度变化，强化水体流动性设计，通过河床水力坡度、水体驳岸形态的优化设计，形成水位落差，增强水体自身流动性；还可外加水体循环设施，借力水体关键点位、流动性欠佳点位的水动力循环设施，促进多点循环，改善水力流态，提升水体自然复氧能力。

岸线优化设计与循环设施配置改善水体流态

RL2-2-3 旁路循环强化水力提升

根据城市水体流态的分布特征，在用地条件允许的条件下，合理布置旁路循环水力提升系统。应结合水体功能定位和景观营造需求，在水体流动滞缓区、生态薄弱点、亲水游玩点合理布置旁路循环设施，依据水体流态时空变化特征，设计旁路循环设施布设的位置与启用频率。通过关键节点流态、水力的改善和提升，强化水体循环，增强水体自净能力并改善亲水景观环境。

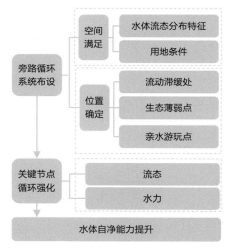

旁路循环水动力改善措施

RL2-2-4 水力改善协同水质净化

为削减城市水体污染物总量，提升水环境容量，可在城市水体沿线建设净化设施，对部分水域水体进行处理后再排放回城市水体，多数情况下可与水体旁路循环技术耦合使用，形成旁路循环净化系统。

构建必要的输水设施，强化水体循环流动；同时协同布置水质净化设施，通过介质过滤、沉淀等物化作用，或通过水生植物、生物填料等生态基质的吸附、过滤、沉淀作用，以及微生物的氧化还原和水生植物的光合作用，实现城市水体旁路净化或雨水原位净化。

应结合城市水体水质特征、主要污染因子，以及水体周边可利用土地情况，合理选择旁路治理技术。以提高水体透明度或去除COD为主要目标时，可选择物理沉淀过滤或混凝沉淀过滤工艺；以去除NH₃-N，提高DO和ORP水平为核心目标时，应选择具有生物硝化功能的湿塘、人工湿地等生物或生态处理技术。

条件允许时，可将旁路治理设施与雨水泵站、水体循环系统等耦合使用，以充分利用雨水泵站旱天的提升能力，实现排水设施的优化利用。

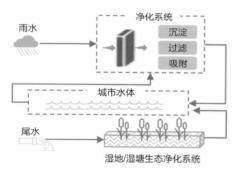

生态补水水质净化协同水体水力改善措施

RL2-3

水体生态生境恢复

> 水体生境生态改善和恢复是提升滨水空间安全性、观赏性和娱乐性的重要基础；应逐步恢复过度开发或受损水体的自然与功能属性，重构适宜水生生物生长的生境；水体生态生境恢复工程通常包括岸线重塑、底质修复，生物种群恢复与保护，生态景观与生物栖息地营造等方面。

RL2-3-1 构建复合功能生态岸线

应强化排涝安全、亲水需求与景观营造等复合功能生态岸线修复与改造，遵循"近自然修复"的理念，宜就地取材，用石块或河卵石、截干垂柳树桩及自然植被等材料来替代硬质护岸；宜保留两岸现有林地护坡，对其中退化、稀疏的护岸植被进行改造，增强水土保持能力的同时，改善生态岸线景观。

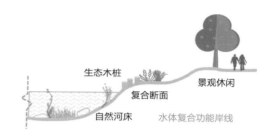

水体复合功能生态岸线模式示例

RL2-3-2 保护本地水生生物种群

基于水生生物对栖息地、庇荫区、捕食区和产卵区等的不同生境需求，在水体规划、设计、改造中应强化生境重构，营造适宜水体浮游动植物，挺水、沉水、浮水植物，无脊椎底栖动物等水生生物生存的多类型生境条件。对于空间较大的区域，可设置深水区、浅水区和滩涂等不同水位环境，满足多种生物生长与捕食需求：浅水水域宜栽植沉水植物，近岸水域可种植挺水或沉水植物，为水生鱼类提供栖息、庇荫和产卵场所。对于空间较小的区域，可采取动态水位管理模式，促进不同生态位水生生物生长。

RL2-3-3 系统实施生境恢复策略

水体生态生境恢复应综合考虑水环境质量、生态景观效果、生物多样性、物种保育等要素，明确总体目标。水环境质量需重点关注水污染控制与生态水量保障，开展水体污染源头解析与控制、水体与底泥污染修复、生态基流核算以及多水源补水的方案构建与实施等工作。

水生态景观构建遵循近自然设计理念，结合地形地貌、气候、景观特点系统实施，耦合安全保障和亲水功能，营造自然和谐的景观效果。遵循生态位理念，逐步恢复生物多样性。合理规划水体周边环境斑块，构建垂向与平面三维立体的植物群落及不同营养级生物，完善水生态系统生物链，系统提升生物多样性。

应加强水生生物保护，基于不同类型生物的生境需求，可通过植被与水位的合理控制，为生物营造适宜的栖息、觅食与隐蔽空间；部分区域可设立宣传标识、告示牌等，以引导公众保护生境和水生态物种。

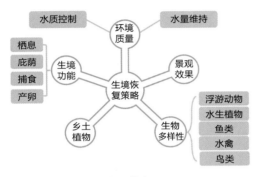

实施生境恢复策略的主要维度

RL2-4

水生植物生态改善

水生植物是水体生态功能的重要载体，具有生物固碳、水体净化、景观营造与生境恢复等功能；工程中应优化配置不同水生植物类型、种植密度，并采取合理的养护技术，发挥水生植物对水质、泥质的净化作用，改善水体生境与生物群体结构，强化水体的自净与碳汇能力。

RL2-4-1 优化植被配置增加碳汇

宜优先选用多年生与抗逆性较强的本土水生植物并合理设置种植密度，降低水生植物损伤和死亡频率，减少水生植物死亡引起的碳源释放，强化水生植物系统的碳汇能力。

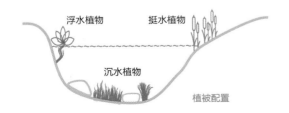

城市水体植被优化配置模式

RL2-4-2 水生植被强化生境改善

根据水体及岸带空间与水文条件，适当提高城市水系水生植物和岸带植被的覆盖水平，优先选用对污染物具有较好净化效果的植物种群；应强化水系及岸带的水质净化功能设计，通过植物根系截留、根系微生物降解和植物吸收等作用，提升水系/岸带植被的水质净化能力。

浅水水体可在水下栽植沉水植物，改善水质和泥质，并为水生动物提供栖息、庇护和产卵的环境，保障水体生物多样性的维持；水深较大的水体可在近岸水域栽植挺水植物或沉水植物。

RL2-4-3 沉水植物助力泥水共治

应根据水体上覆水与底泥水质污染状况，优化沉水植物配置。宜优先选择对水体底泥污染耐受性强且水质净化效果较好的沉水植物。对于有富营养化风险的水体，宜根据水体和主要污染物类型，配置适应当地气候特征并具有抑藻功能的复合型沉水植物，避免单一物种泛滥而破坏水体生态平衡。

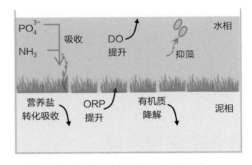

沉水植物泥-水污染协同治理的主要机理

RL3

亲水和谐

RL3-1

自然亲水融合提升

城市水体滨水空间既是市民休闲活动和娱乐的公共场所，也是良好的科普教育场所；应结合城市水体功能定位，强化安全保障和亲水性设计，打造生态化、自然化、人文化的多功能滨水空间，通过景观与生态环境构建实现价值创造。

RL3-1-1 强化人文自然景观融合

城市水系、岸带及周边建筑群的设计、建设和布局应综合考虑城市风土人情、气候环境、乡土植物与水体周边的基础设施风格等要素，与原有水系自然景观充分融合。进行水体景观设计时，宜将地域性自然特色作为主要载体，可采用原生态风格设计休闲与亲水设施，以天然石块、树根和风化的圆木为主要材料建设溪流水岸，保留溪岸周围天然的灌木丛和植被等。应充分尊重自然要素、合理利用自然特色，适度进行人工改造，实现人文与自然景观的高度融合。

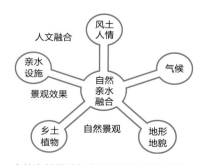

水体自然景观与亲水性融合设计思路

RL3-1-2 加强城市水体亲水设计

位于城市商业、商务或生活居住等功能区的城市水体在保障安全的基础上，应强化亲水性设计，可设置能够承受一定水位波动，便于公众与水亲密接触的堤岸台阶；可在水体岸线过渡地带铺设卵石、脚踏石等生态基质，排涝期间有效消能，晴天形成凸岸沙石滩，增加公众亲水的灵活性与参与性；可构建具有较大空间的分级平台、驳岸、栈桥、步道等亲水景观设施，为公众提供休闲活动场地；可布设允许淹没的滨河栈道、走廊等，增加公众漫步水边的体验，同时栽植耐水淹植物，并配备高水位标识，保障亲水安全。

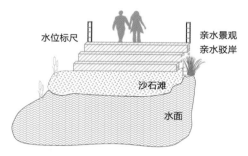

城市水体安全亲水设计模式

为满足城市居民景观休闲娱乐需求，结合城市水体所在区域的功能定位和水环境状况，应合理采取污染治理、水体改造、生态景观构建和水环境质量改善等综合措施，打造滨水空间慢行系统、提高水系绿道的可达率，为城市居民营造安全舒适的日常休闲娱乐场所，带动水系周边土地价值提升，提高公众获得感和幸福感。

RL3-2

公众接触安全保障

滨水空间需充分考虑公众安全，通过亲民化设计与功能设计强化亲水设施的安全性，避免公众在亲水设施附近的人身损伤；通过控污截污、水生植物、人工湿地、旁路净化等生态改善措施净化水质、改善生态环境，降低安全风险。

RL3-2-1 亲民设计保护公众安全

通过合理的水体断面和结构设计，提高非降雨期间的亲水景观效果和降雨期间的应急排水能力，降低溺水风险；减少降雨期间的岸带视觉盲区，保障公众出行安全。应选用对周边环境和公众无危害的水体治理和水质净化工艺技术，保障城市水体水质，确保人体接触安全。

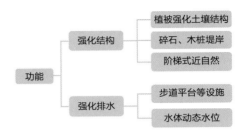

基于安全保障的设施功能设计策略

RL3-2-2 功能设计保障设施安全

亲水区驳岸设计应考虑公众安全。对于自然原型护岸或近自然型护岸，在坡脚用木桩、石笼或浆砌石块等建筑土堤，在斜坡上种植乔灌草植被，提高堤岸抗冲刷能力，保障护岸结构安全。应耦合缓坡式、台阶式及后退式堤岸等结构形式设计人工护岸，根据周期性淹没特征设计亲水空间。

尽量避免直落式护岸设计，在空间不足的情况下可采取直落式分级设计，兼顾调蓄与亲水安全。亲水步道、草坪和驳岸等区域按需设置必要的排水设施，动态调控水体水位，做到排水通畅，避免下垫面长期淹水，保证绿色基础设施和景观设施安全。

RL3-2-3 水质控制保障接触安全

杜绝污染排口直接排放。当有雨水面源污染情况时，可通过构建生态岸带、快速净化设施、生物滞留设施等对雨水进行净化处理。当再生水作为水体水源时，应关注致病微生物与新污染物接触风险。须根据当地再生水厂水源情况，有针对性地跟踪监测再生水内分泌干扰物（EDCs）、药品和个人护理品（PPCPs）等微量新污染物以及致病菌、病毒等病原微生物。

为了实现水质长效保持，可通过水生植物、人工湿地、旁路净化措施提升水体水质净化能力，抑制微生物生长。对不具备亲水功能的水体须设置围挡或警示牌，避免公众与水体近距离接触。

水体水质关键控制指标及控制措施

RL3-3

水体生态安全保障

水体生态安全是维持水体生态功能，提升亲水性的重要保障；应综合考虑水体及其周边环境的生态需求与控制目标，科学设计生态安全评估准则，系统构建生态安全评估体系与实施办法；合理控制水体生态指标，保障水体生态系统长期稳定。

RL3-3-1 科学实施生态安全评估

以压力-状态-功能-响应框架为基础，生态安全评估需从社会发展压力、生态系统物种多样性的维持、水体服务功能的持续性与水体毒性风险水平等多方面，系统构建评估指标体系。应综合考虑水体、周边土壤、地下水环境的生态需求与控制目标，从水体具体生态问题特征入手，明确水体生态安全目标，合理设计生态安全评估准则。理清水体水源水质特点，筛选优先控制的生态安全指标，科学高效地开展生态安全评估。

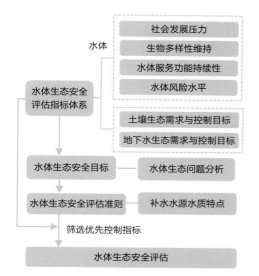

水体生态安全评估实施路径

RL3-3-2 合理控制水体生态指标

水体生态指标可分为具体效应指标与综合效应指标；就指标内容来讲，可分为病原微生物指标、生物毒性指标、特征污染物指标、水体物质循环能力相关指标、水生生物群落结构指标等。针对不同的水体类型，需根据水体环境功能与生态目标，合理选择水体的水生态控制指标。

对于以再生水为水源的水体，需重点关注病原微生物指标、特征污染物指标和生物毒性指标等；对于以雨水为主要水源的水体，尤其是存在合流制溢流或分流制错混接问题的雨水管网排水，需重点关注雨水污染对病原微生物、水体功能和水生生物群落结构的影响。

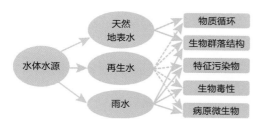

不同补水水源水体优先控制的生态指标

RL3-4

常态运维生态低碳

河湖湿地是自然界的重要碳库，应强化城市水体植被保护和运维管理，及时清理水面和水岸杂物，建立常态化的养管机制，基于功能定位动态调控水体水位，充分发挥河湖湿地的碳汇功能，实现绿色低碳协同发展。

RL3-4-1 建立水体常态养护机制

加强水体常态养护机制建设，以河（湖）长制为基础，建立水体水质、生态景观、亲水安全监察制度，组建由专业人员组成的河湖巡查队伍、水质应急管理技术和工程队伍、生态景观管护和督察团队，形成常态化监管、运维模式；开放市民投诉、举报通道，完善投诉回复与工作交办落实管理制度；建立责任主体明确、实施细则清晰的制度考核办法，保障各项制度的有效落地。

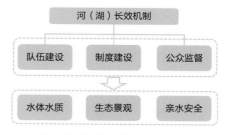

水体常态养护机制构建模式

RL3-4-2 科学控制城市水体水位

城市水体水位控制应作为水体常态运维的重要环节。基于功能定位科学维持水体生态基流和水位，满足公众安全、排水防涝、休闲娱乐等功能要求。从安全角度考虑，水体水位常态控制需满足周边道路、管道等设施的安全防护等级要求，以降低设施浸水、塌陷的风险；作为排水防涝的重要灰色设施，城市水体应具备足够的调蓄容量以保障汛期排涝安全；作为城市居民的休闲娱乐场所，城市水体需要维持合理的水位以满足景观功能、亲水效果和公众接触安全要求。

RL3-4-3 加强水体岸带植被维护

水体岸带植被配置应综合考虑立地条件和植物类型，优化植物群落结构，增强植物群落的自维持能力，以减少维护管理。

水体运维管理中应加强植被的常态化养管，可依托巡查队伍开展岸带植被生长状况记录，景观维护工程队伍及时清理生长不良或死亡的植被并进行补种。

宜制定旱天养护工作计划，可采用再生水或抽取水体水对岸带植物进行浇洒。对于非亲水型岸带，可设立指示牌与护栏，分隔岸带与滨水步道，减少市民活动对岸带植物生长的干扰；对于可亲水型岸带，可设置引导型步道与亲水平台，减少市民活动对岸带植物的踩踏。

应强化岸坡挺水植物和沉水植物的养护和定期收割，避免凋落植物进入水体引起碳源释放。

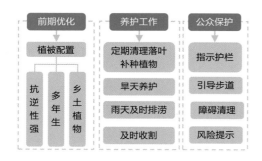

水体岸带植被维护与保护全方位强化措施

RL3-4-4 规范垃圾与漂浮物管理

垃圾站压缩液或冲洗水不应排入分流制雨水管道进而进入城市水体，或通过其他方式进入水体。可在水体沿线雨水口或合流制溢流口设置垃圾拦截和清捞设施，降低排水系统漂浮物雨季入河量；拦截设施不应影响排口的排水能力。

须及时清捞水体表面的泥状漂浮物、动植物残体、垃圾等。垃圾与漂浮物的清捞应按照"属地管理、就地打捞、科学清运、妥善处置"原则，做到水体分区落实到人，建立打捞—收运—处置统一调度管理团队；以河（湖）长为主体，形成垃圾与漂浮物清捞管理制度与具体实施方案。

RL4

智慧运维

RL4-1

智能监控智慧预警

建立城市水体智能监控系统，在水体关键节点优化布局智能监测设备，运用物联网和信息技术，打通数据传输存储通道，构建智慧预警平台进行数据分析、污染及风险事件等级判别，发出预警信息并给出应急预案。

RL4-1-1 合理布局智能监控设备

在城市水体排口、支流汇入处、滞水区等关键位置合理布局监测点位，安装水质、水位等在线监测设备和监控设施，对城市水体进行无死角长期监控，实时掌握水质水量变化，为污染事件预警提供基础数据。

所用设备与设施应尽可能使用太阳能供电以减少能源消耗，降低碳排。并定期对监控设备进行校准、维护，保证设备正常稳定运行。

智能监控设备关键节点布局

RL4-1-2 构建水系智慧预警平台

搭建城市水系监控预警平台，通过信息传输网络，将水系在线监控设备数据收集至存储模块，经数据甄别分析，再经过水质模型对污染情况进行自动分析、污染等级判别，及时发出预警信息并给出相应的应急预案，从而完成对城市水系污染事件精准识别、定量定级、分类预警，指导水系管理部门快速响应，降低污染事件对城市水环境的影响。

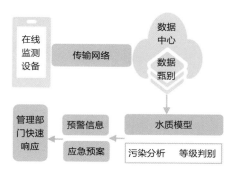

水系智慧预警平台构建思路

RL4-2

排水防涝安全保障

> 新时期城市排水防涝体系应强化灰-绿-蓝系统的协同配合，通过河道断面优化、水系连通、水位动态联控等措施，充分发挥沟渠河湖等"蓝色"基础设施的排水防涝安全保障能力；建立以水系联动为核心、监测—预警—调度全链条的厂网河联合调度应急排涝体系，确保城市排水安全。

RL4-2-1 灰绿蓝结合系统减排调蓄

统筹协调水量与水质、生态与安全、分布与集中、绿色与灰色、景观与功能、岸上与岸下、地上与地下等关系，通过源头减排、转输通道畅通和系统管理有效控制城市降雨径流，最大限度地减少城市开发建设对原有自然水文特征和水生态环境造成的破坏；统筹规划、设计"绿色"基础设施，传统雨水管渠系统和新型调蓄池、深隧等"灰色"基础设施以及城市河湖水系等"蓝色"基础设施，充分发挥绿灰蓝系统雨水径流总量削减、调蓄以及雨水收集利用的综合效能。

| 源头绿色减排设施 | 过程灰色管网蓄排设施 | 末端水体排涝调蓄设施 |
| 绿 | 灰 | 蓝 |

系统减排调蓄

绿灰蓝系统入河雨水减排调蓄模式

RL4-2-2 水系自然连通改善蓄排

我国城市湖、河、沟、渠连通度普遍较低，致使水体蓄水能力不足，涝水排泄不畅。应统筹考虑城市总体布局与河流水系功能，合理连通各蓄水单元，包括城市水系单元之间的连通，地表、地下单元之间的连通，以及地表水系与地表、地下蓄水单元之间的连通。

城市水系规划方案应综合考虑水体流动性与水质、生物的连通性，兼顾水系蓄水排涝与污染控制目标，合理进行水体功能规划，并结合不同水体、蓄水单元水质水量特征，匹配相应的连通方案。

水系及蓄水单元连通路径

RL4-2-3 复合断面设计强化排涝

建成区内河道可改造空间通常较小，可改变传统河道梯形断面设计，兼顾河道排涝与滨水空间的构建，优化设计多级断面，形成河道多级流量调节空间。对于近郊区域水体，改造空间充足，可将混凝土护岸改为自然土质护岸、降低护岸坡度、直道改弯，以恢复水体自然属性，削减径流量和降低径流污染，提升水体排涝能力。

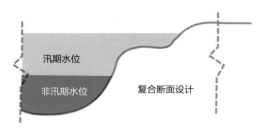

亲水与排涝兼顾的水体复合断面设计

RL4-2-4 水位调控提升排涝能力

排水管网与河道常年处于高水位运行状态，限制了雨水排涝系统效能。为了充分发挥管网和河道的排涝潜力，需实施厂—网—河（湖）一体化运行管理，动态调控排水管网与河道水位。

合流制系统，降低河道水位，避免河湖水位高于大埋深的污水处理厂前污水管网液位而发生河水入渗污水管网；同时，基于连通器原理，降低污水处理厂前集水井液位，进而降低污水管网运行水位，提升合流制排水管网雨水转输能力，减少合流制溢流量，减轻水体排涝压力，协同削减入河溢流污染量。

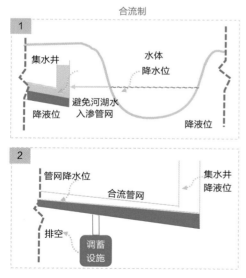

合流制水位联动溢流控制与排涝能力提升路径

分流制系统，在降雨前通过河道、管网和调蓄池的联动调度，降低河道水位，增加水体调蓄空间，防止降雨期间河湖水倒灌雨水管网，影响排涝；同时腾空雨水调蓄设施和雨水管网，以提升雨水系统排涝能力。

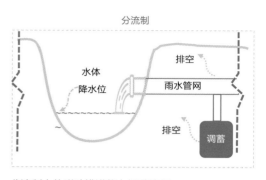

分流制水位联动排涝能力提升路径

RL4-2-5 建立排水防涝应急体系

建立排水防涝气象数据感知与预测系统，通过气象卫星与雷达实时监测、预报天气情况，开展降雨预测与分析。通过智能在线监测设备和数据传输系统，实时获取水系、排水管网、蓄水设施、路网、地形水文等多源数据。系统整合水闸、泵站、抽水车、救援队等城市排水防涝资源，形成动态信息库。

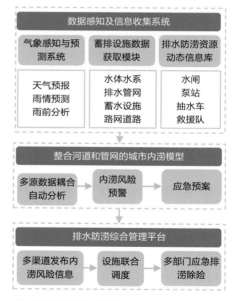

排水防涝应急体系框架

构建整合河道和管网的城市内涝模型，耦合多源数据并自动分析，识别内涝风险等级并进行风险预警，同时匹配信息库方案，生成排水防涝应急预案。建立排水防涝综合管理平台，多渠道发布内涝风险预警信息，系统开展水系、管网、泵站、调蓄设施联合调度，协调各部门及时采取应急处置措施排涝除险。

RL4-3

水体污染应急响应

> 针对突发性水体污染事件应建立责任明确、响应快速、行动科学的应急响应机制。在关键节点合理布置污染监控设备，构建污染预警系统，及时掌握水体状况变化，精确评估污染事件成因，并采取相应的污染控制措施，实现污染溯源、管控的高效化和智能化。

RL4-3-1 建立污染应急响应机制

建立突发性水体污染事件应急综合协调机构，负责水体污染事件中的应急启动、救援行动、事态控制、环境恢复及应急总结工作。应急启动后，有关成员应及时到位，专业应急队伍第一时间配置装备，信息团队实时跟进现场情况的分析报送。应急行动中应做好人员疏散与安置，确保医疗救护的安全高效。环境监测协同污染控制，及时了解事态发展并作好公众信息沟通。在污染应急事态得以控制后开展环境恢复，及时清理现场、解除警戒，最后展开事件调查与应急总结。

RL4-3-2 采取智能应急处理措施

针对城市水体发生严重污染、水华暴发、水位超限等突发情况，基于水体在线监测设施实测数据，合理设置各项指标安全预警值，搭建安全预警值超限智能报警系统，确保管理人员能在第一时间收到报警信息反馈。收到报警信息后，通过资源数据库的自动分

析，精确掌握可用资源，针对问题症结，采取截污清淤、生态治理、河湖水位联合调度等应急处理措施，恢复城市水体生态功能。

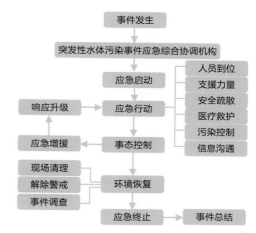

污染事件应急响应流程

紧急情况智能识别与应急处理

RL4-3-3 智慧溯源高效管控污染

根据水体沿线水力流态特征合理布置在线监测设备，应加强沿河（湖）排口、水体交汇处、补水口、特殊断面等关键点位水质水量的实时监测，掌握水质特征指标与流量的实时动态变化数据，接入自动分析、动态预警的数据平台。依据水体关键点位的智能监测数据，结合水力流态，迅速追溯污染发生或汇入的节点，实现污染溯源及控制的高效化和智能化。

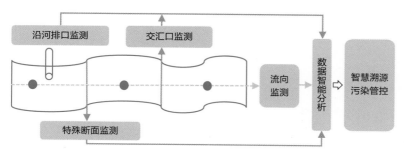

污染溯源与高效管控

M

M1–M6

环卫系统

MUNICIPAL WASTE

M1	M1-1	生活垃圾精细分类
源头分类	M1-2	产生场所源头分流
M2	M2-1	全程分类物质回收
资源回收	M2-2	末端处理资源利用
M3	M3-1	能量转化高效利用
能源利用	M3-2	厂区热能梯级利用
M4	M4-1	冗余充足出口安全
安全处理	M4-2	高效处理防控污染
M5	M5-1	收集运输环境友好
环境友好	M5-2	处理设施环境怡人
M6	M6-1	环卫收运智能管控
智能环卫	M6-2	处理场站智能管控

M1

源头分类

M1-1

生活垃圾精细分类

　　在居民小区、企事业机关单位、公共区域应逐步增加生活垃圾分类设施设置率，并结合当地规划、习俗、后端设施，统筹垃圾分类方法，逐步推进与后续处理处置相对应的精细分类；配置垃圾分类收集车，并采用分类标识进行区分，完善生活垃圾分类收集与运输体系。

M1-1-1 生活垃圾精准分类

　　根据《生活垃圾分类标志》GB/T 19095，可将生活垃圾分为可回收物、有害垃圾、厨余垃圾和其他垃圾四大类。任何情况下有害垃圾都必须分类收集，建议分灯管、家用化学品、电池等小类收集，特别是易碎荧光灯管等有害垃圾应单独收集。生活垃圾中的可回收物可细分为纸类、塑料、金属、玻璃、织物等小类。厨余垃圾可细分为家庭厨余垃圾、餐厨垃圾、其他厨余垃圾。各地实施的具体分类方法需根据国家法律法规，结合当地环卫规划、垃圾分类管理办法、经济社会发展水平等方面情况，制定不同阶段分类方式及覆盖率，有序推进生活垃圾分类全覆盖。

M1-1-2 分装运输保障分类效果

　　分类收集的生活垃圾，应分别采用不同运输车进行分类运输。家庭厨余垃圾可采用容器进料式运输车，具体参数可依据《餐厨垃圾车》QC/T 935。其他垃圾可采用后装压缩式、侧装压缩式、前装压缩式垃圾车，具体参数可依据《压缩式垃圾车》CJ/T

127。有害垃圾运输可采用罐体车，具体参数可依据《危险货物道路运输规则》JT617。可回收物运输可采用箱式运输车，具体要求根据运输物料特征确定，并应在车身明显位置喷涂收集垃圾标识，严禁已经分类收集的垃圾进行混合运输。

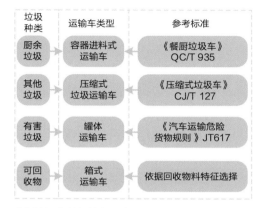

分类垃圾分装运输车要求

M1-2

产生场所源头分流

　　生活垃圾根据其产生场所和特性不同，可分别源头分流；依据产生场所差异，可分为商铺垃圾、农贸市场垃圾、餐厨垃圾等，可采用精细分选、就地处理、纳管排放等技术；依据废物特性差异，可分为装修垃圾、大件垃圾、清扫垃圾、园林垃圾等，分类收集，推进生活垃圾的精细分类和针对性处理。

M1-2-1 商铺垃圾精细分类

　　商铺的经营范围不同，会产生既具有共同特点，又具有显著差别的垃圾，可对不同商铺产生的垃圾采用针对性的精细分类策略。例如酒吧，可强化玻璃瓶、易拉罐的分类收集，实施过程中可以要求玻璃瓶按颜色进行分类；果蔬店铺，可强化残余菜叶菜帮、果皮果壳等易腐有机物，以及纸箱、泡沫、塑料箱等分类收集。投放收集方式应根据当地财务状况、人力资源情况，综合考虑采用定时定点方式投放，定时上门收集，或预约上门收集等方式。

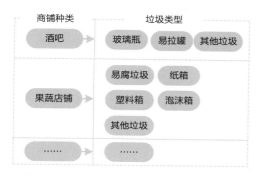

商铺垃圾精细分类示意图

M1-2-2 农贸垃圾探索干湿分离

农贸市场垃圾可采用干湿分离，将易腐湿垃圾单独分类，保障湿垃圾品质，使其少有杂质，提升后续产品可利用性。收集的湿垃圾可采用就地处理技术，减少后端运输和处理总量。就地处理技术有减量型和资源型两类。减量型就地处理技术处理时间短，占地小，可有效减少后续运输和处理处置总量，但能耗高；资源型就地处理技术可将厨余垃圾就地制成土壤调理剂等产品就近消纳，但处理时间长（不小于8天），占地大，对原料品质要求高。

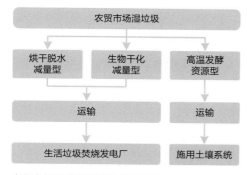

农贸市场湿垃圾就地处理示意图

M1-2-3 厨余垃圾破碎纳管排放

在条件允许的新小区，可采用厨余垃圾粉碎纳管排放技术，减少其产生量和运输处理量，还可作为市政污水处理厂的新碳源来源，减少碳源投加量。其安装应注意防止沉积，保证管道尺寸和坡度充足，户内横支管坡度不小于1.5%，横支管管径不低于50mm，横支管与立管宜采用45°斜三通连接；立管管径不低

于75mm；小区室外排水支管的坡度不应小于0.5%；市政排水管道管径不小于150mm，最小流速不得小于0.6m/s。

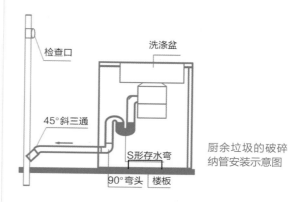

厨余垃圾的破碎纳管安装示意图

M1-2-4 源头分流提高处理效能

装修垃圾、大件垃圾、清扫垃圾、园林垃圾、粪渣可分类收集。装修垃圾中木块、刨花、胶合板、墙纸、破布、塑料、家具等软性物料和大件垃圾中床架、床垫、沙发、扶手椅、桌子、椅子、衣柜、书柜等废家具可合并收集，破碎焚烧处理。装修垃圾中混凝土、砖块、灰土、陶瓷、玻璃、废五金等硬性物料和建筑垃圾可合并收集处理。大件垃圾中家用电器和电子产品应单独收集，安全利用。清扫垃圾可直接填埋处置。园林垃圾可焚烧进行热能利用。化粪池粪渣可发酵处理。

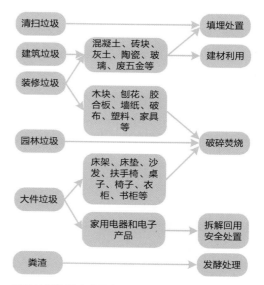

其他垃圾处理方式示意图

M2

资源回收

M2-1

全程分类物质回收

> 生活垃圾中的可回收物应在源头进行分类收集，并分类运输与回收利用，对混入其他垃圾中的可回收物，可通过过程（即转运站）和末端（即处理厂）进行分选分流，进一步提高生活垃圾的整体回收效率；获得的可回收物应与再生资源系统两网融合，构建完整的可回收物资源回收利用链路。

M2-1-1 精准分类工艺针对提升

加强生活垃圾分类宣传和教育，使居民明确垃圾种类划分，采用人工监管或智能监控等手段，配套投放准确性追溯方案和错误投放惩罚措施，提高垃圾分类投放准确性，提升分类收集的垃圾品质，降低后续处理难度，使处理工艺更具针对性，提高残余物的再利用可能性。例如，厨余垃圾分类准确性的提高，应提升预处理工艺的适应性，从杂物筛分工艺变为破碎筛分提油工艺，从而提高预处理工艺的针对性，同时使得产物的杂物降低，品质得到提高，相应提升土壤施用可能性。

M2-1-2 集中分选提高回收效率

可在转运站和处理厂对生活垃圾中的其他垃圾进行分选，回收低附加值可回收物。在生活垃圾转运站压缩转运前，可采用磁选、风选、光电分选等技术，回收其中铁类金属、塑料等可回收物。在生活垃圾综合处理厂，可设置分选工段，强化可回收物的回收。

如在生化处理前，采用磁选、风选、涡电流选、光电分选等技术，回收其中铁类金属、塑料、有色金属等可回收物；焚烧处理后的炉渣可采用磁选、涡电流选，回收其中铁类金属、有色金属等可回收物。

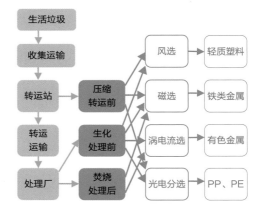

生活垃圾集中分选工艺选择示意图

M2-1-3 两网融合确保通道顺畅

两网融合是指城市环卫系统与再生资源系统两个网络有效衔接，融合发展。不仅使源头分类收集的纸类、塑料、玻璃、金属、织物、电子废弃物等可回收物回收利用，在转运站及处理厂分选获得的PE平片（透白及纯蓝平片）、PP塑料、塑料再生颗粒等可回收物也能畅通回收利用，实现生活垃圾末端处理的减量化和再生资源回收的增量化。同时两网融合还可实现再生资源回收过程中分选出的不可利用物进入环卫处理系统妥善处理，减少环境污染风险。

两网融合示意图

M2-2

末端处理资源利用

生活垃圾末端处理工艺过程，应根据待处理物料特性，结合资源能源利用效率，高效再利用可回收物，采用蒸煮提油、好氧堆肥、筛分除杂、磁选风选、高温烧制等措施，设计采用高效回收和再利用方案，回收油脂、利用沼渣、复用废水等，提高设施的整体资源化水平。

M2-2-1 餐厨垃圾浆料全量提油

我国餐厨垃圾油脂含量高达2%～5%，资源化利用前需要进行预处理分离油脂，确保输送设备及管线不堵塞，提高厌氧处理系统运行稳定性，增加经营效益。餐厨垃圾浆料可进行全量蒸煮离心提油，该技术提油效率高，获得油脂品质好。餐厨垃圾经破碎除杂后，粒径小于1cm的餐厨垃圾浆料全部送入卧式或立式蒸煮机中，先经高温（大于60℃）处理，使固态油脂变为液相，再经三相离心，实现污水、油相、固渣的分离，分离获得的油脂含杂率一般低于3%。

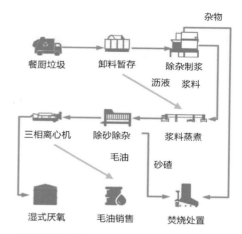

餐厨垃圾浆料全量提油工艺示意

M2-2-2 处理残渣资源回收利用

生活垃圾末端处理后产生残渣，应根据特性采用针对性的处理工艺，制成产品，循环再利用。厨余垃圾厌氧发酵产生的沼渣，可通过堆肥筛分工艺制取土壤调理剂或肥料，产品应符合《有机肥料》NY/T 525、《复合微生物肥料》NY/T 798等标准要求。生活垃圾焚烧飞灰可参照《高温烧结处置生活垃圾焚烧飞灰制陶粒技术规范》DB12/T 779，烧结制陶粒，也可参考欧盟标准《Fly ash for concrete》BS EN 450-1制混凝土或水泥，制水泥工艺如下图所示。生活垃圾焚烧炉渣可采用制建材骨料或路基填充料技术，提升资源化利用水平。

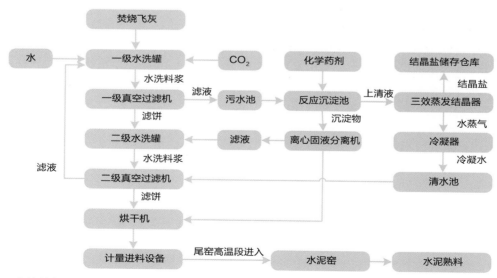

飞灰掺制水泥工艺流程图

M2-2-3 厂区废水再生重复利用

生活垃圾转运站和处理厂产生的厂区废水主要包括渗沥液、沼液、除臭凝结水等工艺废水，也包括设备、地面、垃圾运输车辆冲洗水。厂区废水收集后应妥善处理，出水需根据再利用用途，满足相应标准，如工艺补水应满足《城市污水再生利用 工业用水水质》GB/T 19923要求，厂区生活用厕所冲洗水应满足《城市污水再生利用 城市杂用水水质》GB/T 18920规定，厂区绿化景观用水应符合《城市污水再生利用 景观环境用水水质》GB/T 18921要求。

M3

能源利用

M3-1

能量转化高效利用

垃圾处理过程产生热能、生物质能等，应采用新技术和严格管理，提高利用效率，例如，垃圾焚烧发电厂可通过提高蒸汽初参数和采用高速汽轮发电机等措施提高发电效能；有机垃圾厌氧发酵厂可采用两段厌氧提升沼气转化率；卫生填埋场可通过填埋气高效收集和利用提高生物质能利用并降低碳排。

M3-1-1 技术改进提升发电效能

提高生活垃圾焚烧发电厂发电效率的主要措施包括提高余热锅炉热效率与汽轮发电机组效率、降低线损率等。提高余热锅炉热效率和降低线损率的难度大、不够经济；提高汽轮发电机组效率是较经济

合理的做法。随着生活垃圾分类收运，焚烧垃圾热值逐步提高，焚烧发电厂余热锅炉的蒸汽参数可由原来的中温中压（4.0MP，400℃）系列，提高至次高温次高压（6.4MP，480℃）系列，采用高转速汽轮发电机组（6000转/min），提高汽轮发电机组的热效率。

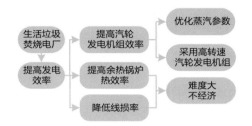

生活垃圾焚烧发电效能提升措施

M3-1-2 高效厌氧提高转化效率

厨余垃圾中的家庭厨余垃圾含固率高（约25%），餐厨垃圾含固率低（约12%），宜采用厌氧产沼技术。

家庭厨余垃圾可采用干法厌氧产沼，也可破碎挤压后，固相采用干法厌氧产沼，液相采用湿法厌氧。餐厨垃圾宜采用湿法厌氧，其预处理分选出的有机粗渣，也可采用干法厌氧。两种垃圾的湿法厌氧和干法厌氧可协同处理。另外，可采用合理高效的沼气提纯和发电的工艺和设备，提高能源利用效率。

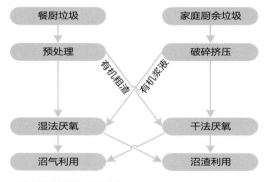

厨余垃圾协同处理示意图

M3-1-3 填埋气体高效收集利用

卫生填埋场的导气井建设，应不破坏底部防渗

层，若钻井设置导气井，与场底间距不宜小于5m，顶部井口应采用膨润土或黏土密封3~5m。堆体中部的主动导气井间距应≤50m，边缘应≤25m。导气盲沟水平间距可按30~50m设置，垂直间距可按10~15m设置。垃圾填埋过程中应做好中间覆盖和最终覆盖，提高填埋气收集效率。收集填埋气宜通过内燃机发电系统回收能源，减少填埋气无组织排放量。

具体做法参照《生活垃圾填埋场填埋气体收集处理及利用工程技术规范》CJJ 133执行。

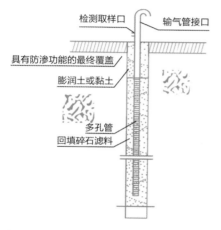

填埋气导排井结构示意图

M3-2

厂区热能梯级利用

生活垃圾处理应注重产生能量梯级利用，焚烧产生热能用于发电后，余热宜利用热泵回收，回收热量为周边居民和工厂供热；厌氧发酵产生生物质能，发电后余热宜用于工艺加热和保温；高品质用热需求优先于低品质用热需求，利用余热，提高厂区热能利用效率。

M3-2-1 冷端热源余热充分利用

针对焚烧发电系统汽轮机的抽汽或乏汽进行热利用，减少冷端热源热损失，主要方式有两种：一是汽轮发电机采用抽汽凝汽式或背压式机组，将部分发电做功后的机组抽汽或机组尾排乏汽送至热用户利用。二是采用吸收式热泵技术，回收循环水内能，产生低温热水，供热用户利用。上述两种方式能有效减少蒸汽内能随循环水对空放散，降低汽轮发电机组冷端热损失。

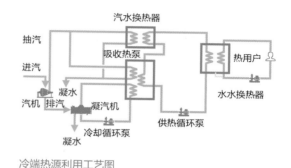

冷端热源利用工艺图

M3-2-2 发电余热梯级高效利用

厨余垃圾产生沼气，发电利用并同步产生烟气和缸套水富裕热量，富裕热量通过换热器收集后可用于其他工段使用。高品质余热应先用于温度需求高的工段，降低温度后再用于温度需求次之的工段，实现发电余热梯级利用。

例如餐厨垃圾发电烟气余热先利用于蒸煮提油（约90℃）升温和保温，缸套水换热热水用于厌氧发酵（55℃或35℃）保温；家庭厨余垃圾产生沼气发电余热先用于高温厌氧发酵（55℃）保温，温度降低后的热水再用于物料加热。

发电余热梯级利用示意图

M4

安全处理

M4-1

冗余充足出口安全

> 环卫处理处置设施的规划建设，应考虑人口规模增长和生活水平提升引起的垃圾产量增量、垃圾产量周期波动，以及交通、台风、设备检修等应急状态时垃圾出口需求；设施规模考虑远期预留，设备选用考虑负荷冗余，应急暂存充足随时可用，保障生活垃圾处理弹性和处置安全。

M4-1-1 负荷冗余保障弹性韧性

环卫处理处置设施运行负荷冗余可在城市规划或环卫处理设施升级改造中得到实施和实现。在规划和设计阶段应结合当地垃圾排放量及预测增长量，为处理处置设备负荷留有冗余量；其次扩建与新建设施，增加处理能力，亦为提高环卫设施处理负荷的方法，使处理处置设施有足够弹性韧性，可应对垃圾产量波动和突发情况。《生活垃圾焚烧炉》CJ/T 118规定焚烧处理量允许在额定焚烧处理量70%～110%范围内波动。

M4-1-2 环卫应急确保出口安全

在原生垃圾零填埋的背景下，传统生活垃圾卫生填埋场需求急剧降低，但应设置城市环卫系统应急卫生填埋场，应对在台风等极端气象条件下导致的城市垃圾大量增加，或者在处理设施损坏维修期间城市垃圾暂存容量不够等条件下，保障城市垃圾仍有

安全出口，市容环境绿色和谐。应急填埋场容量宜按30～60d当地最大垃圾处理设施处理能力考虑，并应在环卫系统恢复正常后逐渐将应急填埋垃圾挖出焚烧处置，腾出库容以备下次突发事件应急暂存垃圾用。

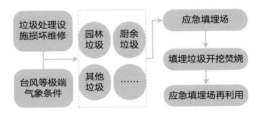

应急填埋场应用方式图

M4-2

高效处理防控污染

> 环卫转运和处理处置设施产生废水、废气应做到应收尽收、全量收集、妥善处理、达标排放。臭气可采用整体通风负压控制实现全量收集，应用等离子等技术降低排放浓度；焚烧烟气可通过增设湿法脱硫、选择性催化还原法脱硝等技术实现超低排放；废水可通过纳滤、反渗透、蒸发等技术提升排放水质，全面提高厂区污染控制水平。

M4-2-1 污染有效收集达标排放

应有效收集环卫设施产生的二次污染物。产臭厂房应保持微负压，以控制臭气逸散；处理、暂存和运输设备应密闭并设置局部排风；垃圾暴露点应设置吸风罩。收集的恶臭气体，宜根据浓度、恶臭物质类别、排放标准要求，采用不同处理工艺。卸料大厅、密闭设备的处理厂房等全排风量可按低浓度设计，卸料坑、堆肥间、设备和暴露点局排可按高浓度选择除臭工艺。应有效收集工艺废水，车辆、设备、厂房冲洗水，初期雨水等，并依据排放要求选择处理工艺。

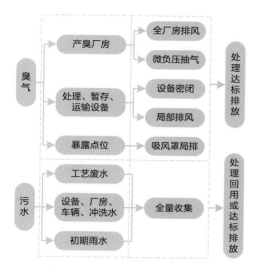

环卫设施污染控制方式图

M4-2-2 烟气工艺改造排放提标

生活垃圾焚烧发电厂烟气排放主要执行《生活垃圾焚烧污染控制标准》GB 18485，该标准中对于硫氧化物、氮氧化物等污染因子排放限值要求相对宽松。为适应排放标准提高，降低硫氧化物排放的主要措施是在原有半干法、干法脱硫基础上，增设湿法脱硫设施；降低氮氧化物排放的主要措施是在原有选择性非催化还原法脱硝技术（SNCR）基础上，增设选择性催化还原法脱硝技术（SCR）。对于氮氧化物排放指标提标要求较低的，也可采用高分子脱硝技术。

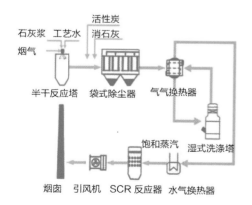

烟气SCR和湿法洗涤联合净化工艺流程

M4-2-3 卫生填埋封场修复治理

卫生填埋场达到设计库容，需生态封场时，应严格按照《生活垃圾卫生填埋场封场技术规范》GB 51220执行，有效控制周边大气、土壤和水体污染，并定期监测环境和安全指标。垃圾稳定性分析参照《生活垃圾卫生填埋场岩土工程技术规范》CJJ176规定执行，未达到稳定的垃圾填埋区若用于永久性建筑物建设，应挖除所填垃圾，并对场底及周边土壤和地下水进行污染检测，不能达到相关要求的，需进行场地治理。

M5

环境友好

M5-1

收集运输环境友好

使用密闭化的收集容器和运输车辆，并采用收集容器和运输车辆无缝对接技术和气力输送技术，在收运过程中实现垃圾"不落地"；加强对收运设施设备的巡检，发现容器和车辆破损、腐蚀，应及时更换；垃圾转运过程对接紧密，积存垃圾及时清理，保证垃圾运输、转运过程环境绿色优质。

M5-1-1 收集设备密闭设施清洁

收集设备可采用随开随关的运行方式，仅在垃圾投放时打开，其他时间关闭密封，减少臭气逸散。内部应保持微负压，抽出气体净化达标后排放。设备运行期间应加强巡检，保证完好无渗漏，发现渗沥液渗漏，应及时更换损坏收集设备，并将渗出渗沥液冲洗进入排水地漏。设施内部地面和墙面应便于保洁，地面宜采用防渗性好、易于清洁的材料，墙面宜采用瓷砖或防水涂料，顶棚表面应防水、平整、光滑。

M5-1-2 车辆对接良好运输密闭

垃圾运输车应和收集设备良好匹配，宜采用机械装卸，减少垃圾暴露时间，对接过程无尘屑洒落和渗沥液滴漏。收集作业人员应穿戴劳动保护用具、用品，实现职业卫生和安全。同时运输车辆应适应垃圾精细分类要求，根据各类垃圾产量配备不同装载能力规格的收运车辆，从而避免空载现象。运输车辆密闭性好，垃圾不得裸露，运输过程无垃圾散落和渗沥液滴沥，保证运输线路环境优良。

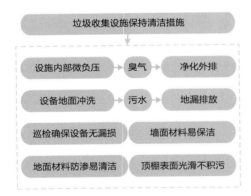

生活垃圾收集设施清洁措施图

M5-1-3 气力输送降低暴露风险

生活垃圾可采用气力输送技术，减少垃圾收集过程的暴露，降低对周边环境的不利影响。气力输送技术是以真空涡轮机和垃圾输送管道为基本的密闭化垃圾抽吸收集方式。

该系统包括垃圾投放口、垃圾存储仓、垃圾排放阀、气力输送管道、垃圾中央收集站，主要收集住宅区、商业区的生活垃圾。多层建筑的气力输送管道内径600~800mm；高层建筑的气力输送管道内径800~1000mm；超高层建筑的气力输送管道内径≥1200mm；工作压力一般为-0.04MPa。

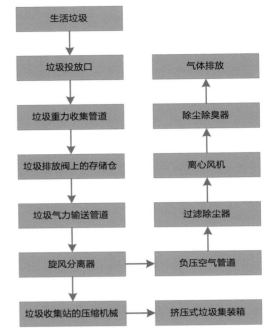

气力抽吸式垃圾管道收集工艺流程图

M5-1-4 压缩转运保障环境质量

生活垃圾中的其他垃圾，在转运站应压实处理，降低垃圾运输体积。压实密度应达到《移动水平式生活垃圾压缩机通用技术条件》GB/T 36135和《生活垃圾转运站技术规范》CJJ/T 47规定要求，即移动水平式直接压装箱式垃圾压缩机、移动水平式预压缩装箱式垃圾压缩机、垂直式垃圾压缩机的压实密度应不低于600kg/m³。大中型中转站应关注垃圾运输车、半挂车箱体与压缩机的对接处及导向台腔体等处，对其积存的垃圾残渣应及时有效清理。可采用导向台腔体两侧贯通开槽方式，确保腔体内垃圾能用手持式高压水枪从两侧清扫去除，建议每日清理1次。

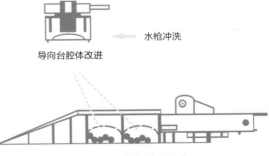

水平压缩导向台腔体改进及垃圾清理示意

M5-2

处理设施环境怡人

　　环卫设施的建（构）筑物，通过低碳设计、立面绿化、地下建设等措施，与周边景观协调一致，实现绿色低碳环境友好目标，使传统邻避效应转化为邻利效应，同时降低碳排放量，增加厂区碳储能力，实现设施环境质量稳定达标，确保处理处置设施环境怡人。

M5-2-1 建筑绿色和谐景观协同

　　环卫设施建/构筑物的顶部和立面应进行绿化、低碳设计，建筑的形式、风格、色调应与周边建筑、环境、自然景观协调，与人文景观协同共鸣，但又不宜过度华丽和铺张。建筑依据《绿色建筑评价标准》GB/T 50378要求，在满足建/构筑物功能要求前提下，采用太阳能路灯、太阳能热水器、节水卫生洁具、中央空调变频调节等节能、节水、节材措施。同时厂区内废水、废气、废渣全量化收集并妥善处理，处理处置设施厂界内和周边环境质量稳定达标，公众高度认可。

M5-2-2 余气燃烧保障绿色低碳

　　不可集中利用可燃气，应设置应急火炬，不得直接放散。超过利用系统负荷部分的卫生填埋场填埋气，以及厨余垃圾所产生的厌氧沼气，应能自动分配到火炬系统，严禁直接放散，降低碳排和温室气体排放量。火炬应有较宽的负荷适应范围，能满足气产量变化、气体利用设施负荷变化、甲烷浓度变化等情况，可以智能调节风量，充分燃烧甲烷，并且应有点火、熄火安全保护功能。沼气或填埋气进口管道必须设置阻火装置。

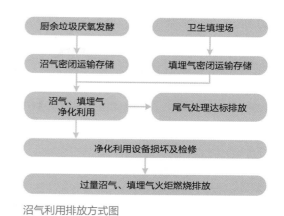

沼气利用排放方式图

M6

智能环卫

M6-1

环卫收运智能管控

　　建立收集点-运输车-场站综合管控/调度系统，具备收集点监控、收-运-处联动、场站监管；运用GIS技术，集成垃圾收集点、运输车和场站的位置信息和运行状态数据，在地图上进行在线标注、属性查看、分布查询、运行状态查看，将收集、运输、处理处置等环节的所有智能管控数据统一在"一张图"中。

M6-1-1 收集点位智能精准监管

　　生活垃圾分类收集点智能监管系统，可监控垃圾分类收集点设备的GPS坐标、垃圾桶种类、数量、编号、使用年限、使用完好性、满溢状态、现场视频等信息，实时收集更新数据，实现收集环节智能管控。

实现破损设备及时报警并更换；实施投放准确情况监控，非准确投放人员追溯，防控乱倒和偷倒，提高垃圾分类投放准确率；可采取积分兑换垃圾政策，实现精准称重，使积分兑换公平简单；实施垃圾桶满溢状态监控，满桶及时清运，防止垃圾满溢、撒漏，污染周边环境。

M6-1-2 收–运–处联动管控调度

厨余垃圾、可回收物、有害垃圾以及其他垃圾等各类垃圾收运车辆应安装GPS定位系统，并在环卫管控平台GIS地图上实时显示各运输车辆车牌号、所属作业队伍、作业人员、服务区域、品牌型号、载重量、空载率、开始使用时间、使用年限、收运路线、定位位置等监管信息，结合收集点垃圾存储状态和处理设施运行状态数据，实时调整各收运车辆的收运路线，对城市垃圾收运车辆整体调度，避免收集点垃圾满溢，减少收运车辆在处理设施前等候时间。在有条件地区，可考虑无人驾驶，提升环卫智慧化水平。

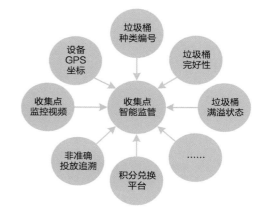

垃圾收集点智能监管元素图

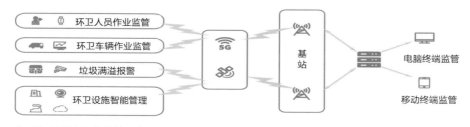

收–运–处联动智能管控示意图

M6-2
处理场站智能管控

实时监控生活垃圾各类处理处置场站包括生活垃圾焚烧厂（简称焚烧厂）、生物处理厂（简称生物厂）、卫生填埋场（简称填埋场），进出场物料、设备运行状态、污染物排放、厂区环境、厂区安全、厂区人员和车辆管理等运行数据并及时更新，智能评估设备运行状态，为场站正常运维提供依据，实现设备故障预判、毒害和爆炸物质泄漏预警、事故处理应急预案提示等功能，保障场站安全高效、智能运行。

M6-2-1 焚烧厂智能监管运维

生活垃圾焚烧厂应智能收集垃圾进出厂车辆信息和重量数据、垃圾储坑爆炸气体浓度、焚烧炉运行工况参数、发电量、热水供应量、热水和回水温度及水质、烟气净化系统运行状态、启炉燃料和烟气净化药剂消耗量、烟气污染物排放总量和浓度、渗沥液处理系统运行状况、外排水和复用水水质、厂区空气质量、飞灰和炉渣处理系统运行状态、厂区和厂房设备监视等数据，并对收集数据进行智能分析，为智能运维提供支撑，保障焚烧厂安全稳定运行。

M6-2-2 生物厂智能监管运维

生物处理厂应智能收集垃圾进出厂车辆信息和重量数据、垃圾卸料暂存和预处理系统运行状态、好氧堆肥系统温度和氧浓度、厌氧发酵系统温度和甲烷含量、发电和供热系统运行状态、污水处理系统运行状态及排放浓度、臭气收集和处理系统运行状态及排放浓度、作业环境有害气体和粉尘浓度、易燃易爆物存储状态、辅料使用和产品品质等数据，并对收集数据进行智能分析，为智能运维提供支撑，保障其安全稳定运行。

M6-2-3 填埋场智能监管运维

卫生填埋场应智能收集进出场车辆信息和重量数据、垃圾种类、进出场时间、视频监控等信息，并记录存档。建立智能化运行工作日志，记录作业量、工艺、技术、设备、人员、能耗、成本等方面信息，并按照《生活垃圾卫生填埋场环境监测技术要求》GB/T

18772要求对大气污染物、填埋气体、渗滤液、外排水、地下水、地表水、填埋堆体渗沥液水位等进行检测，配备具有数据实时传输和数据处理功能的在线智能监控系统，并与地方环卫管控平台互联互通。

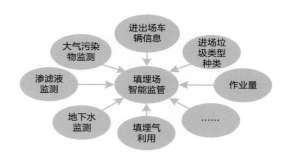

填埋场智能监管元素图

SL

SL1-SL5

土壤系统

SOIL

SL1 土壤保护	SL1-1	土壤污染调查监测
	SL1-2	特殊地质精准防护
SL2 污染消除	SL2-1	污染控制防止扩散
	SL2-2	地下水和土壤共治
	SL2-3	修复后期注重管控
SL3 流失控制	SL3-1	强化土壤流失监测
	SL3-2	土壤流失控制措施
SL4 增加碳汇	SL4-1	土地调控保障基底
	SL4-2	有机提升增加碳汇
SL5 智能管理	SL5-1	构建土壤信息平台
	SL5-2	土壤样品智能管理

SL1

土壤保护

SL1-1

土壤污染调查监测

应结合地块历史用途及规划用地性质，制定土壤污染调查监测方案，明确重点关注污染物类型，优化布局监测点位；根据区域水文地质特征和环境介质条件，监测和识别重点污染物在土壤、地下水、地表水、空气、残余废弃物中的分布及迁移特征；分析确定项目地块的污染种类、程度、范围或潜在污染风险。

SL1-1-1 监测对象全面覆盖

土壤污染调查监测对象主要为项目区域的土壤，必要时还包括地下水、地表水、空气等，需要根据地块土层密实度、渗透性能等划定表层土壤和下层土壤，分别进行污染状况监测。

重点关注可能经土壤进入地下水和地表水的污染物，应监测地块边界内的地下水或经地下径流到下游汇集区的浅层地下水、项目地块边界内流经或汇集的地表水污染状况。

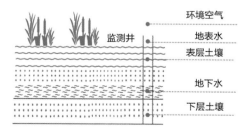

土壤污染监测对象示意图

SL1-1-2 监测点位科学布设

根据基础资料分析和现场踏勘，确定监测区域地理位置、项目地块边界，并提出各阶段工作要求；初步监测分析土壤特征，项目地块面积较大的还应测量地块高程，结合重点污染物类型及性质，确定布点范围和布点方法。

项目地块土壤特征相近、土地使用功能相同的区域可采用系统随机布点法；土壤污染特征不明确或地块原始状况严重破坏的区域可采用系统布点法；对于地块内土地使用功能不同及污染特征明显差异的地块，可采用分区布点法。

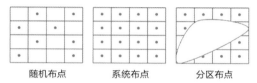

随机布点　　　系统布点　　　分区布点

土壤污染监测点位布设方法示意图

SL1-1-3 调查采样高效分步

项目地块土壤污染状况调查采样工作，可分为初步采样和详细采样两个阶段。初步采样需根据地块原使用功能和污染特征，选择污染较重的土壤区域，作为土壤污染物识别的工作单元，监测点位应选择工作单元的中央或有明显污染的部位，如生产车间、污水管线、废弃物堆放处等。详细采样应基于初步采样的结论，根据每个工作单元的污染程度和面积，将工作单元细分成面积均等的网格，在每个网格中心进行采样。

SL1-1-4 土壤污染风险评估

土壤污染风险评估应包括危害识别、暴露评估、风险表征，以及土壤风险控制值计算，应根据土壤采样分析结果，理清地块土壤中重点污染物的浓度分布；并应结合地块规划土地利用类型，分析可能的敏感受体及重点污染物迁移和危害敏感受体的可能性，进而确定污染物暴露途径，计算暴露量。风险表征应在暴露风险评估的基础上，采用风险评估模型计算土壤中单一污染物经单一途径的致癌风险和危害商，耦合多途径计算结果，得到单一污染物的总致癌风险和危害指数。风险表征值应与风险可接受水平的限值进行比较，判断计算得到的风险值是否超过可接受的风险水平，超过可接受风险水平的，通过差值计算，得出土壤风险控制值。

土壤污染风险评估要素示意图

SL1-2

特殊地质精准防护

对于湿陷性黄土（简称湿陷黄土）、冻土、盐碱土、废矿区改造等特殊地质条件下的工程项目建设，应根据地质特征有针对性地采取预处理、结构加固、防水防冻、土壤改良等措施，确保土壤性能、土体强度、植物生长环境等满足项目建设要求。

SL1-2-1 湿陷黄土科学管控

位于湿陷性黄土场地上的工程项目，应根据场地湿陷类型、地基湿陷等级、地基处理后下部未处理湿陷性黄土层的湿陷起始压力值或剩余湿陷量，结合当地施工经验和施工条件等，综合确定地基基础、结构和防水等方面的具体工艺措施。湿陷性黄土场地的最高地下水位在地基压缩层的深度以内时，应计算可能产生的湿陷量大小和深度，并根据地基处理情况、上部建/构筑物的特点等采取有针对性的技术措施，减小不均匀沉降。

SL1-2-2 冻土地区安全建设

多年冻土地区的工程建设选址，宜选择各种融区、基岩出露地段和粗颗粒土分布地段，在零星岛状多年冻土地区，不宜将多年冻土用作地基。多年冻土场地用作建设用地时可采取保持冻结、逐渐融化、预先融化三种设计方法。年平均低温低于

−1.0℃、持力层土层处于坚硬冻结状态且无采暖工程的场地，宜采用保持冻结状态的设计；年平均低温为−0.5~1.0℃、持力层土层处于塑性冻结状态、不存在室温较高或热载体管道及给水排水系统对冻层产生热影响的场地，宜采用逐渐融化状态的设计；年平均低温不低于−0.5℃、持力层土层处于塑性冻结状态、室温较低的场地，宜采用预先融化状态的设计。

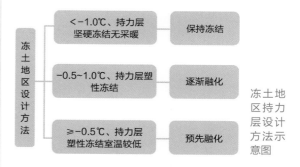

冻土地区持力层设计方法示意图

SL1-2-3 盐碱改良促进利用

对于盐碱地土壤，应因地制宜采取工程水利、物理、化学、生物等措施，改善土壤性状，保护植物生长环境条件。盐碱地改良方案的选择应重点关注环境因素，当地下水位高于地下水临界深度时，应采取排水、抬高地形的方法降低地下水位；当土壤容重大于1.4g/cm³或总孔隙度小于35%时，应采取无机料与土壤物理掺混、施用有机料的方法改良土壤结构；当土壤含盐量大于3g/kg时，应采用淋洗、降低地下水位、栽植耐盐碱植被等方法降低土壤盐分含量；当土壤pH值大于8.5时，应采用化学改良剂或增施有机肥的方法降低pH值，当蒸发量大于降水量时，应采取降低地下水位或增加表土生态覆盖层的方法减少蒸发。

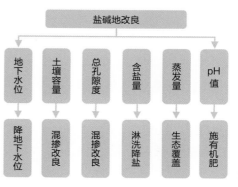

盐碱地改良技术要点示意图

SL1-2-4 矿山复垦生态恢复

　　矿区生态修复治理中，应以周边地貌为参考，遵循因地制宜原则；同时应注重矿区生态稳定性的维护，防止人为手段撤出之后生态环境不能维持稳定；宜通过边采边复、水体修复等手段保持矿区土地平整，采取物理修复、化学修复、生物修复等技术恢复矿区土壤质量。以旅游业为主的矿区景观再生复垦方式应将体验开采与矿物展览相结合，可将废矿区改造为矿物博物馆，提升大众参与度与生态环境保护意识。

SL2

污染消除

SL2-1

污染控制防止扩散

　　原位阻隔技术是在污染区域四周及顶部建设阻隔层，将污染区域与周围完全隔离，避免污染物与人体接触和随地下水向周边迁移的风险，包括水平阻隔和垂直阻隔两大类；同时通过密闭运输、操作、暂存，辅以局部吸风、喷水降尘、植物提取液喷洒等措施，多措并举，防止粉尘和臭气逸散，避免二次污染。

SL2-1-1 垂直阻隔控制水平迁移

　　采用垂直阻隔技术可阻止受污染地下水和有机气体的水平迁移扩散，从而限制污染物的迁移。目前常用的垂直阻隔技术为土工膜/泥浆隔离、水泥帷幕灌（注）浆墙、高压喷射灌浆墙、水泥搅拌桩墙。泥浆

隔离技术，厚度至少要10～15cm，固化后的无侧限抗压强度（UCS）至少为103.4kPa。混凝土—膨润土墙的渗透性低（<10^{-7}cm/s），从渗透性要求角度混凝土—膨润土墙较为合适。

垂直阻隔控制技术分类示意图

SL2-1-2 水平阻隔降低暴露风险

　　水平阻隔可阻断污染土壤与人体的直接接触，切断暴露路径，降低暴露风险。水平阻隔包括沥青水平阻隔、混凝土水平阻隔、弹性膜水平阻隔、黏土水平阻隔等方式。水平阻隔方式、厚度及渗透性能，需结合主要控制暴露途径进行筛选。

水平阻隔控制技术分类示意图

SL2-1-3 密闭运输处理防止逸散

　　采用异位修复技术时，通过分区开挖，控制作业范围，非作业范围做好水平阻隔防护，控制污染扩散，减少接触和吸入风险；挖掘出的污染土壤，及时采用密闭性的车辆运输，减少暴露时间，并采用密闭性设备处理；抽提出的污染地下水，采用管道输送并采用密闭性设备处理，有效减少运输和处理过程中粉尘和臭气扩散。采用原位修复技术时，通过水平阻隔技术，并辅以主动收集污染气体技术，有效防止恶臭气体扩散。

SL2-1-4 密闭土壤暂存防止逸散

土壤暂存系统整体密闭，一般采用正压充气膜修复棚和负压骨架覆膜修复棚两种技术。正压充气膜修复棚是一种内部无梁无柱，无钢架支撑，仅以空气为支撑的结构体系，安装便捷，拆卸方便，可重复迁移使用，但棚内正压250～300Pa，有臭气逸逸风险。骨架覆膜修复棚是钢骨架上覆盖膜材料的结构形式，膜透光率7%～20%，可随意造型，可多次拆装循环利用，密封性好，虽然现场安装较充气膜修复棚费时，但棚内负压－50～－5Pa，可有效防止污染气体逸散。

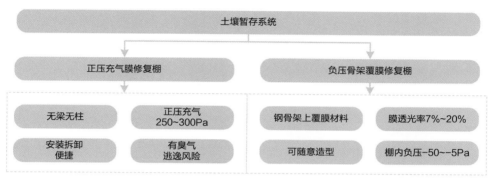

土壤暂存系统分类示意图

SL2-1-5 尾气有效收集处理

异位热脱附技术会产生含有机物，以及易挥发重金属汞等的废气。含有机物的尾气常规处理工艺可采用旋风除尘器＋二燃室＋急冷塔＋布袋除尘器＋淋洗塔＋超滤工艺。针对含汞尾气处理方法主要有吸附法、吸收法、冷凝法和气相升华反应法等，其中以吸附法和吸收法应用较为广泛。吸附法常用吸附剂为活性炭，吸收法常用吸收剂包括次氯酸钠、多硫化钠、高锰酸钾、过硫酸铵、二氧化锰—硫酸等。

SL2-2

地下水和土壤共治

污染场地修复范围应全面，污染土壤和地下水共同治理；根据场地性质、污染物特性、工期要求、规划用途等选用修复技术；土壤异位热脱附（简称热脱附）、水泥窑协同处理（简称水泥窑处理）、玻璃化等技术可彻底去除土壤中有机污染物，切断重金属再污染可能；异位修复适合高污染情况，其修复周期短；原位修复适合低污染情况，耗时长。

SL2-2-1 热脱附去除挥发污染物

热脱附是将挖掘出的土壤，加热至目标污染物的沸点以上，使污染物气化挥发，从土壤中物理分离，将污染物解吸进入载气中，从而获得干净土壤的修复技术。适用于处理挥发（VOC）及半挥发（SVOC）性有机污染物、汞和砷。异位热脱附分为高温热脱附（320～560℃）和低温热脱附（90～320℃），挥发性有机物的污染处理一般采用低温热解吸技术（150～315℃），半挥发性有机物的污染处理一般采用高温热解吸技术（>315℃）。挥发出的污染物，需通过焚烧、催化氧化、冷凝、碳吸附等技术处理后，达标排放。

异位热脱附技术流程图

SL2-2-2 水泥窑处理复合性污染

污染土壤进入水泥回转窑协同处理，可在生产水泥熟料的同时，焚烧固化处理土壤污染物。有机污染土壤宜从窑尾烟气室进入水泥回转窑，物料温度约1450℃，在高温下有机污染物转化为无机化合物，同时窑内碱性物料（CaO、CaCO$_3$等）可有效地抑制酸性物质的排放，使得硫和氯等转化成无机盐类固定下来。重金属污染土壤宜从生料配料系统进入水泥窑，使重金属固定在水泥熟料中。

但应注意入窑所有物料中氟≤0.5%，氯≤0.04%，硫化物硫与有机硫总量≤0.014%。

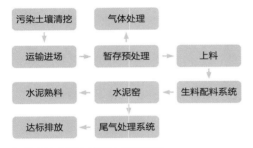

污染土壤水泥窑处理技术流程图

SL2-2-3 修复过程降低生境破坏

与异位热脱附、水泥窑协同处理、玻璃化等技术相比，使用土壤结构低破坏性修复技术（如异位洗脱、异位稳定化、原位淋洗、原位稳定化、植物修复、可渗透反应墙、气相抽提、电动修复等）不会破坏土壤孔隙结构和团聚形态，土壤有机质损失有限，不会粘结成块，土壤结构、特性破坏也相对较小，同时还可有效减轻对土壤生境的扰动，保障修复完成后场地植被迅速恢复，有效减小生境恢复难度，避免修复土壤替换风险。

SL2-2-4 抽出兼具处理控制作用

地下水抽出处理是在污染物羽状体（简称污染羽）下游布设一定数量抽水井，将污染地下水抽取至地面进行处理的方法，必要时在污染羽上游建造注水井。通过污染地下水抽取，使污染羽范围和程度逐渐减小，并使含水层介质中污染物向水中转移清除。同时地下水位下降，可加强包气带吸附有机污染物的好氧生物降解。通过抽取污染地下水，还可控制污染羽范围，但应注意该技术不宜用于吸附能力较强的污染物，以及渗透性较差或存在非水相液体（NAPL）的含水层。

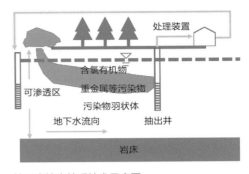

地下水抽出处理技术示意图

SL2-2-5 可渗透反应墙原位修复

可渗透反应墙技术（PRB）是一种常用的原位修复技术，是在地下水污染羽状体的下游，与地下水流向垂直建造可渗透或半渗透的活性材料墙体。地下水在自身水力梯度下通过可渗透反应墙，与墙体内降解有机物的氧化还原剂、固定金属的络（螯）合剂、增强微生物活性的营养物、氧气或其他试剂等作用，使污染物去除或转化。反应墙渗透系数宜为含水层的2倍以上。可渗透反应墙底端嵌入不透水层至少0.60m，其顶端需高于地下水最高水位；其宽度一般是污染物羽流宽度的1.2～1.5倍。

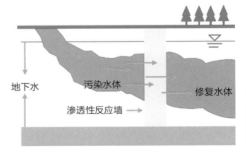

可渗透反应墙技术示意图

SL2-2-6 清挖和地下水抽出联合

异位修复技术包括异位固化稳定化、热脱附、化学氧化还原、洗脱、水泥窑协同处理等，适用于污染严重的土壤，同时具有见效快，修复时间短的特点。在清挖同时，污染地下水会逐渐暴露，可通过基坑降水的方式同步抽出，对其进行妥善处理达标排放。在修复之前，一般可考虑采用设置垂直阻隔，减少因修复区域地下水水位降低而导致的周边地下水向修复区域汇聚现象，减少抽出水量实现污染土壤和地下水联合异位修复。

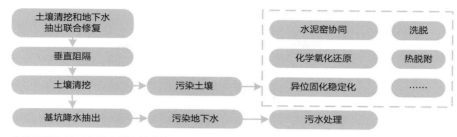

土壤清挖和地下水抽出联合技术流程图

SL2-2-7 气体抽提和曝气联合

　　地下水曝气（AS）和土壤气体抽提（SVE）技术联合修复，是针对地下水和土壤皆被挥发性有机物污染的场地，利用土壤气体抽提技术在非饱和区产生负压，控制地下水曝气所产生蒸汽羽的迁移路径，避免含污染物气体无序逸散，实现污染气体有效收集，并进行集中处理的联合修复技术。但该技术适用于渗透系数≥10^{-3}cm/s的场地，10^{-5}～10^{-3}cm/s的场地须通过试验验证可行性。有机物沸点大于250℃时需考虑加热等辅助措施。

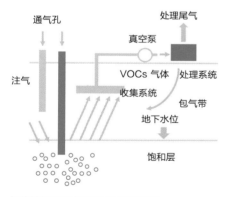

气体抽提和曝气联合技术示意图

SL2-2-8 淋洗和地下水抽出联合

　　半挥发和难挥发性有机物、无机重金属等污染场地，可通过土壤中注入淋洗液，将土壤中污染物转移至地下水，然后通过下游设置的抽提井，将污染地下水抽出处理，达到水土共治目的。该技术适用于深层污染的砂砾土、砂土等场地类型，场地渗透系数应>10^{-3}cm/s，10^{-5}～10^{-3}cm/s的场地须通过试验验证可行性，且要求土壤中粉砂和黏土含量不超过25%～30%。该技术适用于污染区域之下是不

透水层或黏土层的场地，从而可避免污染物向下迁移。

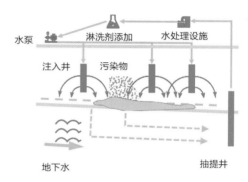

淋洗和地下水抽出联合技术示意图

SL2-3

修复后期注重管控

　　对修复后期存在的拖尾效应和反弹可能，需要长期监管，避免污染物再次暴露风险。目前长期管控技术主要有植物修复和监测自然衰减两种方式。对修复完成后用于绿化用途的场地，应优先考虑修复过程对土壤生境扰动小的技术，在修复完成后应重视土壤生境的恢复，保证其上植被的正常生长。

SL2-3-1 低污染植物修复管控

　　植物修复技术特别适合于低浓度场地的污染控制，是利用植物及其根际圈微生物体系，通过提取、根系过滤、降解和转化、挥发或固定场地土壤和地下水中的有机或无机污染物，从而达到移除、削减或稳

定污染物，或降低污染物毒性等目的。目前，采用超积累植物提取污染物应用较为广泛，但该技术不适用于未找到修复植物的重金属，也不适用于特定有机污染物（如六氯环己烷、滴滴涕等）污染的土壤。

低污染植物修复技术示意图

SL2-3-2 监测自然衰减管控风险

监测自然衰减技术是在主动修复之后长期对污染场地监管，通过自然发生的物理、化学及生物作用，使地下水和土壤中污染物的浓度、毒性、迁移性降低到风险可接受水平，减轻拖尾效应和防止污染反弹，实现对低浓度污染长期风险的管控。减少污染主要通过非破坏性和破坏性两种方式，非破坏性减少包括水动力学弥散、吸附和挥发，破坏性减少包括生物和非生物降解。生物降解以厌氧为主，会产生CH_4易燃易爆气体，应设置易燃气体浓度检测报警系统。非生物降解主要是水解、光解等。

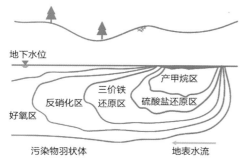

监测自然衰减技术示意图

SL2-3-3 提高生境质量加强防控

主要修复过程完成后，应开展长期防控，避免污染反弹和接触风险。修复过程对土壤生境必定造成一定影响，当影响程度非破坏性时，可通过调节土壤含水率、施加有机肥和调理剂等手段，促进修复场地表层土壤形成有利于植物生长的生境，包括水分、营养、微生物等

条件，种植与周边环境相适应的乡土植被，增加环境承载力，选择高碳储乡土植被，提高碳储水平。

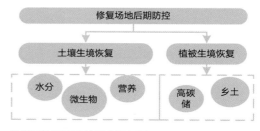

修复场地后期防控要点框架图

SL3
流失控制

SL3-1
强化土壤流失监测

应建立完善的水土保持监测体系，包括监测项目、监测方法、监测手段；应基于区域地形、地质、植被情况、水文气象等特征采取适宜的土壤流失监测措施，通过监控水土流失面积、水土流失量等关键指标，掌握土壤流失现状，进而采取相应治理措施，并对土壤流失的治理效果持续开展跟踪、评估。

SL3-1-1 调查区域地质条件

应全面了解和掌握区域的地形条件、地质情况、气候类型、植被种植的数量和种类，以便采取适宜的土壤流失监测措施。应综合运用遥感（RS）、地理信息系统（GIS）等技术，结合地面观测、专项试验、调查统计、数理分析等手段，系统开展地质条件调查。

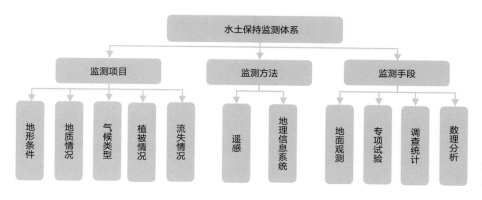

水土保持监测体系框架图

SL3-1-2 监控水土流失现状

应系统监控区域水土流失现状，充分应用遥感、地理信息系统和全球定位系统等高新技术，结合野外实地观测，提升土壤流失情况调查的覆盖面和准确度。基于土壤流失监控结果，分析计算可恢复林草植被面积，水土流失的面积和位置及水土流失量等，水土流失量可按水力侵蚀和风力侵蚀划分。

水土流失现状监测要点框架图

SL3-1-3 评估流失治理效果

应对水土保持措施的落实情况进行监测，评估水土流失治理效果以便根据阶段性结论调整治理策略。水土流失防治标准指标应包括水土流失治理度、土壤流失控制比、渣土防护率、林草植被恢复率、林草覆盖率等。

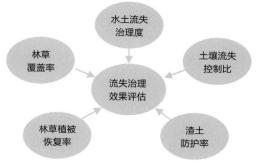

水土流失治理效果评估元素图

SL3-2

土壤流失控制措施

建设项目土壤流失控制技术及方法通常包括表土剥离绿化回用，布设截排水措施、拦挡措施，加强边坡防护、土地整治、防风固沙及植物措施等，应根据实际适用条件，合理选择技术措施及组合，形成可行且经济合理的方案设计，明确具体实施要求。

SL3-2-1 表土剥离绿化回用

应根据施工扰动范围内土层结构、土地利用现状和施工方法，确定剥离范围和厚度。剥离的表土应集中存放，并采取临时拦挡、苫盖、排水等防护措施。应将剥离的表土根据实际情况尽可能应用于复耕、植被恢复，也可用于其他区域的土地整治。高寒草原草甸地区，应对表层草甸进行剥离，采取专门养护措施，施工结束后回铺利用。实施表土剥离工作前应充分掌握场地范围内的土地利用、地形图、土壤分布情况、植被恢复所需覆土厚度、其他可能利用表土的情况等资料。

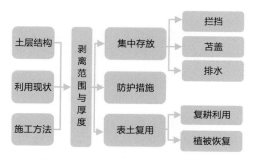

表土剥离绿化回用措施框架图

SL3-2-2 截水排水防止流失

生产建设项目施工破坏原地表水系的，应布设截排水措施。根据项目具体情况和所在区域特点，因地制宜地采取截水沟、排水沟、排洪渠（沟）等形式。弃土（石、渣）场的排水应与弃土（石、渣）场设计统筹考虑，坡面排水应与坡面防护措施相结合。截水沟、排水沟、排洪渠（沟）应与自然水系顺接，并布设消能防冲措施。

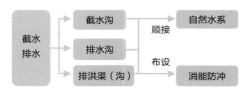

截水排水措施框架图

SL3-2-3 挡土挡渣水土共保

弃土（石、渣）场拦挡措施包括挡渣墙、拦渣堤、围渣堰等，应综合考虑弃土（石、渣）场类型、堆置方案、地形、地质、气象、水文、施工条件等因素，合理选择。拦挡工程应与防洪排水、土地整治工程统筹设计，满足弃土（石、渣）场整体稳定、安全运行、经济合理的原则。

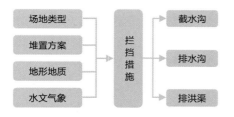

挡土挡渣措施要点框架图

SL3-2-4 边坡防护促进安全

生产建设项目工程开挖、填筑、弃渣、取料等活动形成的斜坡，应根据所处位置的地形地貌、气象、水文、地质等条件，在边坡稳定的基础上，采取坡脚及坡面防护等措施；应与截排水措施统筹设计，在满足稳定安全的条件下，宜采取植物护坡措施，或植物与工程相结合的综合护坡措施。边坡防护措施还应与周边环境相协调，与城市景观相融合。

SL3-2-5 土地整治安全利用

应对项目占地范围内除建/构筑物、场地硬化占地外的扰动及裸露土地进行整治，主要内容包括场地清理、平整和覆土等。根据占地性质、类型和适宜性，确定土地利用方向，应根据扰动土地情况、覆土来源、土地利用方向等确定土地整治内容。弃土（石、渣）场表面为大粒径渣石并需恢复为耕地的，表面平整后应铺设黏土防渗层，碾压密实后厚度不小于0.3m，再覆表土。采石坑、采矿塌陷凹地可进行回填治理或改建为蓄水池、养殖塘。

SL3-2-6 防风固沙气土共保

沙漠、沙地、戈壁等风沙区，应采取防风固沙措施进行水土流失控制。在流动沙丘和半固定沙丘地区，应因地制宜采取植物、机械、化学等固沙措施，在戈壁风蚀区宜采取砾石压盖措施。

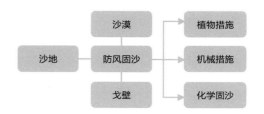

防风固沙措施要点框架图

SL3-2-7 植物措施改善生态

工程扰动后的裸露土地以及工程管理范围内未扰动的土地，应优先考虑植物措施。植物措施布局应符合生态和景观要求，注重与城镇绿化相结合。设计应根据立地条件，因地制宜，适地适树（草），确定树（草）种、栽种方法，优先采用乡土树（草）种。干旱缺水和对植物措施要求标准高的区域应配套灌溉措施。

SL4

增加碳汇

SL4-1

土地调控保障基底

> 土壤碳汇基底的保障应从土地调控措施着手，通过对退化土地开展生态修复改良土壤性质，恢复土壤碳汇潜力，将土壤增汇理念贯穿项目建设始终；强化生态用地的保护，减少生态用地的占用，科学调控土地利用用途和方式，注重土地的可持续利用，提升土壤的碳汇能力。

SL4-1-1 退化土地生态修复

开展退化土地生态修复，强化土壤碳汇基底，助力碳达峰、碳中和行动。应将土壤增汇理念全面贯穿于国土生态状况调查监测、生态修复方案制定、生态修复工程实施等重要环节中。按照宜林则林、宜草则草、宜荒则荒的原则，实施退耕还林还草还湿，科学推进土地退化和水土流失综合治理，通过生态修复改良土壤性质、增加土壤有机质含量，恢复并提升土壤碳汇潜力。

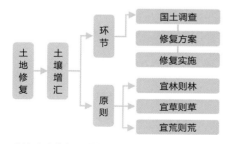

土地生态恢复要点框架图

SL4-1-2 生态用地强化保护

强化重要生态用地保护，科学调控、管理土地利用用途和方式。应以低碳发展理念引导城市国土空间开发利用，既要通过科学划定生态红线并严格管控，加强对森林、草原、湿地、农田等重要生态系统的整体保护，减少对生态用地的占用，还要注重土地的可持续利用，实行保护性耕作和利用，全面提升土壤系统碳汇能力。

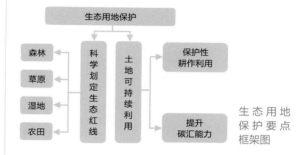

生态用地保护要点框架图

SL4-2

有机提升增加碳汇

> 土壤有机质下降会影响土壤微生物菌群多样性及功能，导致其质量下降、肥力降低、土壤退化，甚至造成土壤侵蚀和水土流失、植物生长受阻，进而导致土壤系统碳损失与碳汇能力降低；城镇建设项目可借鉴农业经验，例如增施有机质、采用绿肥种植及测土配方等方法提升土壤有机质，增强碳汇能力。

SL4-2-1 有机增施提高质量

宜利用有机废弃物及污水污泥，生产绿化用有机基质，提高绿化土壤质量，促进植物生长，提高植物生态景观效果，提升土壤的碳汇能力。增施的有机基质应经过堆制发酵等无害化处理，性质稳定、质地疏松、无结块、无异臭味、无明显可见杂物、颗粒均匀。

有机增施

土壤有机增施技术示意图

SL4-2-2 秸秆还田改善结构

城市建设项目可以利用园林绿化废弃物代替秸秆还田，增加土壤有机质、速效氮、磷、钾，改善土壤理化性质，提高土壤肥力。目前农业废弃物还田方式主要有4种：覆盖还田、粉碎还田、堆肥还田、过腹还田，均可参考使用。

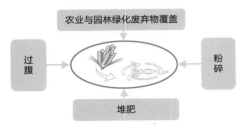

农业与园林绿化废弃物还田技术示意图

SL4-2-3 绿肥种植平衡营养

绿肥作物是最清洁的有机肥源，种植绿肥可以较快地将有机质、矿物质返还土壤，平衡补充营养。对于干旱、多风沙地区，通过花卉农作物与绿肥的间作可以减少土壤的风蚀、水蚀，保持水土，同时保持土壤肥力。在园地种植绿肥，能够调节局部温度和土壤水分，提高土壤肥力。

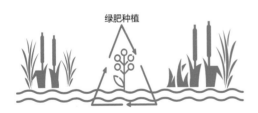

绿肥种植平衡土壤营养技术示意图

SL4-2-4 测土配方科学施肥

以土壤测试为基础，根据植物需肥规律、土壤供肥能力和肥料效应，确定肥料的施用数量和施用方法，通过总量控制和分期调控等新的施肥技术实现各种养分平衡供应，既能满足植物需要，又可以减少化肥使用，达到资源高效、环境保护的效果。不同地区土壤养护使用测土配方施肥技术应厘清测土、配方及施肥三个环节的内在关系，增强测土过程中土样的代表性，提高配方过程的科学性，完善好场地特征与施肥规模的协调性。

SL5

智能管理

SL5-1

构建土壤信息平台

利用相关数据，建立土壤环境基础数据库（简称土壤基础数据库），构建土壤环境信息化管理平台，对土壤环境进行动态管理，在地图上可进行在线标注、属性查看、现利用方式、规划用途、环境监测数据、分布查询、利用/修复状态查看，将土地的所有信息化数据统一在"一张图"中。

SL5-1-1 建立土壤基础数据库

应收集城市土壤地理信息和面积、土地利用方式、土壤类型、土壤性状（含水量、交换量、营养元素、颗粒组成、容重和速效微量元素）、分层理化性质（酸碱度、有效磷、速效钾、有机质、有机氮等）、地下水水质、地下水位等基础数据，整理为图像型或矢量型数据，形成土壤环境基础数据库。

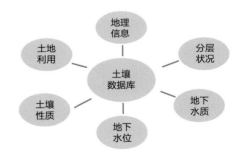

土壤基础数据库结构图

SL5-1-2 建立土壤退化预警体系

为保障土壤退化预警体系的高效率、强效力和好效果，应充分运用高分遥感影像、无人机现场摄影、智能移动终端数据管理、云数据管理等现代空间信息技术及其产品，同步跟踪监测土壤性质变化，预报预警信息。

SL5-1-3 构建土壤综合管理平台

依托"互联网+大数据+监管"模式，建立土壤环境基础数据库，搭建土壤环境信息管理平台，包括综合查询、台账管理、动态监控等功能模块，打造"土壤环境信息一张图"，落实数据评价分析和可视化展示，实现对土壤环境质量的数字化、图形化、动态化管理，推动土壤环境质量管理过程中资源高效配置、信息自由流动和服务深度融合，实现土壤环境质量管理工作"用数据说话、用数据管理、用数据决策、用数据服务"。

SL5-2

土壤样品智能管理

建设项目勘察阶段开展的土壤调查过程中大量土壤样品被保存于土壤样品库中，这些土壤样品的存取、维护及信息管理等繁琐工作应实现智能管理；结合物联网、人工智能等现代高科技可为土壤样品库的智能管理提供实现路径。

SL5-2-1 样品存放归类分区

智能土壤样品库可实现土壤样品按工作流程的分区设置，包括样品批量交接区、样品调取区、智能展示区和样品存放区。样品批量交接区主要用于大批量土壤样品交接、出入库、智能标签、激光刻录标签的信息绑定和录入；样品调取区用于少量土壤样品制备后入库、实验室调取样品；智能展示区用于土壤样品库的三维现代化展示及土壤监测科普教育；样品存放区用于保存土壤样品，同时应划分为动力管控和检修两个功能区，用于保障土壤智能样品库的正常运行管理。

土壤样品存放关键环节示意图

SL5-2-2 土壤存取人机交互

智能土壤样品库人机交互系统包括模块化智能货架、智能堆垛机械人及自动接收装置；通过部署在各设备上的芯片与软件调度层通信，负责接收系统指令并执行，将土壤样品自动存入或者调出土壤库；通过接收终端输入指令下达给调度层，调度层通过智能标签准确识别并定位每个土壤样品及设备具体位置和状态，最后，调度土壤库内各智能设备进行联动工作。

SL5-2-3 土壤信息安全管理

为保障智能土壤样品库样品信息及监测数据的安全性，在系统登录身份验证和数据传输过程中都应坚持安全登录和加密传输原则。同时对服务器安装设置防火墙，定期修改密码，并进行入侵测试，在数据的调用上均采取权限严格限制，将系统数据的安全性放在首位。

应设置系统纠错管理和系统备份功能，使系统可以智能分析设备故障原因并快速备份数据、报警，实现对系统内部或外部原因引起的异常进行智能化纠错处理。

土壤信息安全管理体系结构图

EA

EA1-EA3

市政能源发展

ENERGY ALTERNATIVES

EA1 发展需求	EA1-1	能源发展现状特征
	EA1-2	能源消费现实挑战
	EA1-3	清洁能源政策驱动
	EA1-4	能源发展行业需求
EA2 功能定位	EA2-1	清洁安全高效智慧
	EA2-2	低碳高效安全智慧
	EA2-3	多能互补高效安全
EA3 技术路径	EA3-1	市政能源燃气工程
	EA3-2	市政能源供热工程
	EA3-3	市政能源供电工程

EA1

发展需求

EA1-1

能源发展现状特征

> 我国当前经济快速发展与能源约束问题日益突显，能源现状特征突出，主要表现为能源消费高度集中，"两个高占比"特征显著，碳排放总量处于较高水平，同时可再生能源已实现跨越式发展，亟需综合能源规划等多方面指导；改变能源现状已成为能源绿色发展的重要导向。

EA1-1-1 "两个高占比" 特征显著

在我国全年能源消费总量中，煤炭消费量占总量的56.0%左右，并逐年下降；天然气、水电、核电、风电等清洁能源消费量占能源消费总量的25%左右；煤炭在终端能源结构中依然呈现高占比特征。在我国城市用能结构中，工业用能占比70%左右，建筑用能占比20%左右，交通用能占比10%左右，工业用能在终端能源消费结构中占主导地位；与发达国家相比，我国工业用能占比总体超过约30个百分点。

EA1-1-2 碳排放总量水平较高

从2007年开始，我国在碳排放总量方面已超过美国，成为世界第一大CO_2排放国，从整体来说，我国碳排放仍然呈现逐年递增态势。2021年中国的碳排放量达到114.7亿吨，约为美国（50亿吨）的两倍，欧盟（27.9亿吨）的四倍，且尚未达峰；其中能源领域碳排放最多，碳排放占全国碳排放总量的77%。

EA1-1-3 可再生能源跨越发展

"十三五"期间，我国可再生能源实现跨越式发展，装机规模、利用水平、技术装备、产业竞争力迈上新台阶，开发规模持续扩大，利用水平显著提升，技术水平不断提高，产业优势持续增强，政策体系日益完善；虽然可再生能源发电增长较快，但在能源消费增量中的比重还低于国际平均水平，可再生能源规模化发展和高效消纳利用的矛盾仍然突出，亟待加快新型电力系统构建；今后一段时期将是我国能源转型的关键期。

EA1-1-4 能源消费高度集中

我国城市能源消费总量占比达到85%，城市能源消费高度集中特征明显。能源消费区域分布高度集中，主要集中在东部沿海发达地区和数个区域中心城市，特别是以长三角、珠三角、京津冀为代表的大型城市群。其中，2021年长三角26城土地面积约占全国的2.2%、地区GDP约占全国的24.1%、能源消费约占全国的12.6%。相比而言，美国、欧洲的城市能源消费空间分布更加分散。

EA1-2

能源消费现实挑战

> 我国当前能源消费总量连年增长，能源消费的结构性、体制性等深层次矛盾进一步凸显；同时，面对双碳目标的减排要求，能源结构的转型挑战，交通碳排的逐年增加，建筑减碳势在必行，能源消费问题已成为推进我国能源绿色发展所面临的巨大现实挑战。

EA1-2-1 "双碳" 目标新要求

2020年，我国碳排放量居全球第一，超过美国和欧盟的总和。同时，我国仍是发展中国家，经济发展仍需大量的煤炭能源消耗，碳排放量仍在增长，碳减排压力较大。

全球推动应对气候变化，能源清洁低碳发展的世界大势已成。2020年9月，习近平总书记提出二氧化碳排放力争于2030年前达到峰值，努力争取2060年前实现碳中和的目标。

EA1-2-2 能源结构亟须优化

煤炭等化石能源消费仍占据主导地位，且天然气、一次电力等清洁能源比重仍相对偏小；就能耗结构而言，我国产业能耗约占总能耗的60%，交通能耗约占20%，建筑能耗约占20%。建筑能耗占比较低，能耗结构直接影响能源结构调整优化；虽然部分能源结构转型场景的技术比较成熟，但经济可行性仍然不足或面临其他阻碍；甚至部分场景暂无可用的成熟技术，或绿色溢价较高；我国能源结构亟须转型。

EA1-2-3 交通碳排逐年增加

截至2018年，交通部门能源消耗量占全国总能源消耗量的10.7%，直接二氧化碳排放为9.8亿t，其中道路交通占比最高约为73.5%。交通基础设施快速建设，特别是公路基础设施快速增长，导致交通领域能源消耗逐年增长，增长率达9%高于社会平均水平。我国人均客运距离仅为美国的1/10，日本的1/5，交通基础设施建设及交通服务的需求还将持续增加。交通领域未来须改变当前的发展模式，减缓当前交通用能快速增长的态势，探索低碳发展道路。

EA1-2-4 建筑减碳势在必行

城镇化带来建筑碳排放增加，能耗管理水平有待提升。建筑碳排放包括建材生产运输、建筑施工和运营等阶段。除绿色建筑之外，建筑减碳还与工业、燃气、电力、交通等部门相关。2019年全球建筑建造行业能耗和碳排放量分别占总量的35%和38%，且处于持续上升阶段。我国建筑碳排放主要源于建材生产运输和建筑运行阶段。2018年全国建筑全过程碳排放量49亿t，其中，建材碳排放量27亿t，建筑施工碳排放量1亿t，建筑运行碳排放量21亿t。

EA1-2-5 运营模式绿色转型

城市二氧化碳排放量占整体排放量的60%以上，城市是造成气候变化的主要因素，也是碳中和的主阵地。城市减碳不止建筑，还涉及城市空间布局、组团结构、职住平衡等，进而影响到人的衣食住行等方方面面。城市的绿色低碳发展转型，意味着城市建设运营模式的改变，具有综合性和全局性作用。

EA1-3

清洁能源政策驱动

当前我国能源政策进入了一个新的阶段，随着《中华人民共和国国民经济和社会发展第十四个五年规划和2035年远景目标纲要》（简称"十四五"规划远景纲要）、《2030年前碳达峰行动方案》等一系列能源政策的提出，政策导向逐渐成为鼓励节约、倡导绿色、落实低碳理念、进一步推进清洁能源发展的驱动力量。

EA1-3-1 "十四五"规划远景纲要

2021年3月发布的《中华人民共和国国民经济和社会发展第十四个五年规划和2035年远景目标纲要》中提出，积极应对气候变化：完善能源消费总量和强度双控制度，重点控制化石能源消费。实施以碳强度控制为主、碳排放总量控制为辅的制度，支持有条件的地方和重点行业、重点企业率先达到碳排放峰值。推动能源清洁低碳安全高效利用，深入推进工业、建筑、交通等领域低碳转型。全面提高资源利用效率：坚持节能优先方针，深化工业、建筑、交通等领域和公共机构节能，推动5G、大数据中心等新兴领域能效提升，强化重点用能单位节能管理，实施能量系统优化、节能技术改造等重点工程。

EA1-3-2 "双碳"目标行动方案

2021年10月，国务院印发《2030年前碳达峰行动方案》，提出重点实施能源绿色低碳转型行动，要推进煤炭消费替代和转型升级，大力发展新能源，合理调控油气消费，有序引导天然气消费，优化利用结构，优先保障民生用气，大力推动天然气与多种能源融合发展，因地制宜建设天然气调峰电站，合理引导工业用气和化工原料用气。支持车船使用液化天然气作为燃料。加快建设新型电力系统：构建新能源占比逐渐提高的新型电力系统，推动清洁电力资源大范围优化配置。大力提升电力系统综合调节能力，加快灵活调节电源建设，引导自备电厂、传统高载能工业负荷、工商业可中断负荷、电动汽车充电网络、虚拟电厂等参与系统调节，建设坚强智能电网，提升电网安全保障水平。积极发展"新能源+储能"、源网荷储一体化和多能互补，支持分布式新能源合理配置储能系统。

EA1-3-3 清洁低碳中和阶段

推进我国能源绿色低碳转型，加快构建现代化能源体系，是实现绿色低碳发展的重要基础，对改善我国能源结构、推动生态文明建设、实现经济社会可持续发展都有重要意义。中国在实现碳中和的道路上，将经历能源"清洁化、低碳化、中和化"三个阶段；这三个阶段不是完全分割的，在"清洁化、低碳化"的同时，也要同步进行"中和化"。我国能源转型应按"减煤、稳油、增气、加新"的路径持续推进。天然气作为资源丰富、供应充足、成本相对低廉、使用便利、节能减排效果显著的最清洁的化石能源，是中国优化能源结构、推进节能减排、治理大气污染、建设美丽城镇等方面最为现实的选择，是中国建立清洁低碳、智慧高效、经济安全能源体系的必然选择。在实现"双碳"目标的道路上，考虑到能源安全以及可再生能源的不连续性等问题，天然气在能源结构中在相当长的时间内还将扮演着不可替代的角色，将发挥重要作用。

EA1-4

能源发展行业需求

做好"双碳"工作，能源行业应把握好先立后破、通盘谋划的原则，立足基本国情，实现降碳的同时，确保能源安全、产业链供应链安全。能源绿色发展，是优化能源结构、遵循低碳战略，推进能源消费革命、科学制定综合能源规划，增强国内能源供给保障能力、构建现代能源体系的行业需求。

EA1-4-1 绿色低碳的战略需求

优化能源结构，需把发展清洁低碳能源作为调整能源结构的主攻方向；同时坚持发展非化石能源与化石能源高效清洁利用并举，以逐步降低煤炭消费比重，需提高天然气消费占比，大幅增加风电、太阳能、地热能等可再生能源和核电消费比重，形成与我国国情相适应、科学合理的能源消费结构，是实现能源消费排放大幅减少、促进生态文明建设的需要。

EA1-4-2 消费革命的推进需求

在用能方式上，要严格控制能源消费总量过快增长，切实扭转粗放用能方式，不断提高能源使用效率；实施新城镇、新能源、新生活行动计划。科学编制城镇规划，推动信息化、低碳化与城镇化的深度融合，建设低碳智能城镇。需制定城镇综合能源规划，大力发展分布式能源，科学发展热电联产，鼓励有条件的地区发展热电冷联供，发展风能、太阳能、生物质能、地热能等清洁供暖。

EA1-4-3 能源安全的保障需求

我国步入构建现代能源体系的新阶段，能源安全保障进入关键攻坚期。积极发展天然气、核电、可再生能源等清洁能源，降低煤炭消费比重，推动能源结构持续优化。加强能源基础设施和公共服务能力建设，提升产业支撑能力，提高能源普遍服务水平，切实保障和改善民生。把握能源安全主动权，增强国内能源供给保障能力，推进重点领域能源的清洁替代的同时，确保国家能源安全，加快构建现代能源体系。

EA2

功能定位

EA2-1

清洁安全高效智慧

> 绿色市政燃气工程旨在向清洁安全高效智慧的方向发展，具体体现为清洁低碳的基础能源是重要特征，供应稳定的保障能源是国家能源战略的基本要素，安全可靠应用便捷是城镇燃气应用的目标愿景和方向，节约高效互补利用是特点和属性，融合发展智能管控是现代化管理的重要途径和手段。

EA2-1-1 清洁低碳基础能源

清洁低碳是城镇燃气作为一次能源的最重要特征。天然气是公认的地球上最清洁的化石能源，燃烧后的排放产物主要是二氧化碳和水。使用天然气代替燃煤和燃油，可以减少二氧化硫和粉尘排放量近100%，减少二氧化碳排放量近60%，减少氮氧化合物排放量近70%。随着天然气在国家能源消费中的比重不断上升，将有效减少污染和二氧化碳的排放，改善城镇空气质量，减缓温室效应，有利于遏制全球变暖。

EA2-1-2 供应稳定保障能源

供应稳定是实现城镇燃气发展目标和国家能源战略的基本要素。未来在短期和中期内，在工业和民用需求带动下，全球天然气需求将急速增长，我国将成为天然气需求增长率最快的国家，确保国内天然气市场供需总体平衡，保障供应是城镇燃气供应需满足的基本属性与目标；随着我国国内天然气勘探力度加大，多元化海外供应体系进一步健全，多层次储

备体系逐渐形成，天然气基础设施建设和互联互通不断强化，都将有力保障国内城镇天然气市场的稳定供应。

EA2-1-3 安全可靠应用便捷

安全可靠应用便捷是城镇燃气应用的目标和方向。燃气本身是安全的且使用燃气既方便又干净，能给生活带来便捷；但燃气还是一种易燃易爆气体，使用不当，容易发生中毒、爆炸和火灾事故。为此要提高全民安全使用燃气的意识，普及安全用气常识，加强安全管理，强化安全措施和应急处理能力，同时引入智能管控，实现从供气端到用户端的智能化巡检和隐患排查管理，从根本上保障所有燃气用户的安全。

EA2-1-4 节约高效互补利用

节约高效互补利用是燃气作为能源应用的特点和属性。天然气是一种清洁、高效、优质的低碳能源，是能源高效利用的最现实选择。绝大部分燃煤机组发电效率为30%左右，最高的亚临界点发电效率也不超过38%；天然气联合循环发电效率则高达60%，如利用天然气实现热电联产技术，能源利用效率可达80%以上，呈现节约高效的应用特点。另外，天然气耦合多种可再生能源应用，能在节约天然气用量的同时，提升可再生能源利用用户体验，提高能源综合利用效率。

EA2-1-5 融合发展智能管控

融合发展智能管控是现代化管理的重要途径和手段。城镇燃气用气量逐年提升，在能源消费中的比重大幅提高，但燃气是易燃易爆危险品，燃气管网的安全运行关系到社会生产和人民生命财产安全，企业涉及生产、传输存储、计量、使用、营销等多个环节，并且其传输范围长、使用范围广，涉及输配监控、运营管理及客户服务等多个方面。智能化管控有助于完善运营与管理系统，减少燃气事故发生，准确掌握管网及用户现状及未来分布，为精细化管理提供支撑。

EA2-2

低碳高效安全智慧

> 绿色市政供热工程旨在向低碳高效安全智慧的方向发展，具体体现为供热舒适安全保障是首要目标和基本任务，清洁低碳高效供应是主要目标和方向，供热持续稳定可靠是实现供热舒适性的重要保障措施，多能互补高效利用是主要形式和发展趋势。

EA2-2-1 供热舒适安全保障

安全舒适是供热工程的首要目标和基本任务。安全一方面是供热能源保障能力，我国能源自给率保持在80%以上，加强能源安全战略保障能力，提升利用效率，提高清洁替代水平，可为城镇提供充足的有备用能力的供热热源。另一方面，制定健全的管理流程和操作流程，制定应急抢修预案，保证供热运行安全。舒适是人们对室内环境满意度的表达，室内热环境的舒适度影响着人们的健康，同时对热环境感到满意的上班环境使得工作效率更高。城镇供热就是为了提升人民在寒冷或严寒天气时在室内的舒适性。

EA2-2-2 清洁低碳高效供应

低碳高效是实施供热工程的主要目标和方向。发展清洁低碳能源作为我国调整能源结构的主攻方向，坚持发展非化石能源与清洁高效利用化石能源并举，逐步降低煤炭消费比重，提高天然气和非化石能源消费比重，大幅降低二氧化碳排放强度和污染物排放水平，优化能源生产布局和结构，促进生态文明建设。坚持节约资源是基本国策，把节能高效贯穿于经济社会发展全过程，推行国际先进能效标准和节能制度，以智能高效为目标，大幅提高供热热源、管网和热能用户的整个供热系统效率。

EA2-2-3 供热持续稳定可靠

持续稳定是供热舒适性的重要措施。根据城镇的能源情况，用户需求及项目实际条件，因地制宜，以热电联产、天然气、地热能、太阳能、电能等为能源，制定复合供能的方案，多热源联供，区域热网联通，通过蓄热、智能系统以及灵活的供应方式，确保供热的可靠性、稳定持续性，保证供热系统安全运行。

EA2-2-4 多能互补高效利用

多能互补利用是城镇供热发展的主要形式和趋势。多能互补，就是多种能源之间相互补充与梯级利用，从而提升能源系统的综合利用效率，缓解能源供需矛盾，构成丰富的清洁、低碳供能结构体系。多能互补并不是简单地将几种能源进行叠加，而是需要在技术上进行创新，实现新能源和传统能源之间的深度融合。

我国是世界最大的能源生产国和消费国，煤电、水电、风电、太阳能发电等规模均为世界第一。通过多能互补集成优化，从多方面实现能源梯级利用和优势互补，可以提升系统整体效率。多能互补集成优化是能源变革的发展趋势，发挥各类可再生能源的优势，推动可再生能源与常规能源体系融合，统筹规划区域内供热和电力等能源系统，建立可再生能源与传统能源协同互补、梯级利用的综合供热体系。

EA2-3

多能互补高效安全

> 绿色市政供电工程旨在向多能互补高效安全的方向发展，具体体现为加快构建清洁低碳、安全高效的电力能源体系；节约与开发并举，从配电系统设计、配电线路设计、配电变压器的选择、调速方式选择、照明系统设计、节能产品应用等多方面节能降耗；多能互补协调应用，智能高效应用可靠。

EA2-3-1 绿色清洁低碳能源

《"十四五"现代能源体系规划》指出我国已步

入构建现代能源体系的新阶段，能源低碳转型进入重要窗口期。提出要着力增强能源供应链安全性和稳定性，着力推动能源生产消费方式绿色低碳变革，着力提升能源产业链现代化水平，加快构建清洁低碳、安全高效的能源体系。

EA2-3-2 节能降耗优势能源

节约能源是我国的基本国策。国家实施节约与开发并举、把节约放在首位的能源发展战略。电气节能降耗应从配电系统设计、配电线路设计、配电变压器的选择、调速方式选择、照明系统设计、节能产品应用等多方面实现。

EA2-3-3 多能互补协调应用

多能互补能够提高能源系统运行效率、设备利用率；减少弃光、弃风，有效解决能源消纳问题，避免能源浪费；带动地方投资；促进行业发展和科技创新；提高经济效益和社会效益。

EA2-3-4 智能高效应用可靠

智慧用电系统通过建立能源远程监控与管理系统，掌握用电能耗的实时数据，进行分布式监控与集中管理，并能实时监测能耗数据和分析管理，可靠实现电能安全隐患的及时防控，有效预防设备损失、生产损失、人身伤害事故的发生。

EA3

技术路径

EA3-1

市政能源燃气工程

> 市政燃气工程通过燃气利用提质增效，提升燃气清洁利用质量；通过燃气技术升级换代，形成生态化技术体系集成；通过可再生燃气规模化发展，促进低成本的可再生燃气开发利用；通过发展燃气全产业链智能技术，打造高效智能的城镇燃气系统；最终形成市政燃气工程的绿色发展技术路径。

EA3-1-1 燃气利用提质增效

提高我国燃气清洁高效利用水平，坚持创新驱动，推动燃气领域新技术、新产业、新业态的发展；坚持融合发展，推进燃气行业业态和模式创新，促进信息技术与产业深度融合，加快产业跨越式发展；统筹协调燃气产业与关联产业联动发展，促进产业链发展，提升产业发展水平；推广应用清洁高效燃气技术，严格执行能效环保标准，提升燃气清洁利用质量。

EA3-1-2 燃气技术升级换代

发展能源绿色化技术，推进能源产业上中下游一体化科研、转化、应用的绿色化生态化及技术升级换代；注重能源新型低碳利用和可再生能源替代的技术突破，形成技术集成体系，注意技术前沿性及成果转化对能源绿色发展的影响。

EA3-1-3 可再生燃气规模化

扩大可再生燃气传统领域应用规模，推进交通领域可再生燃气应用，整合绿色低碳清洁可再生燃气新兴产业，坚持能源安全稳定供应，提升可再生燃气在传统化石能源中的占比，积极促进规模化、低成本的可再生燃气开发利用。

EA3-1-4 燃气工程智慧发展

发展燃气生产、输送、分配、利用全产业链智能技术，为燃气系统的灵活、互补、安全、高效生产和消费提供技术保障，智能化转型是燃气行业实现绿色低碳发展的关键；构建智慧燃气互联网，打造高效智能的城镇燃气系统。

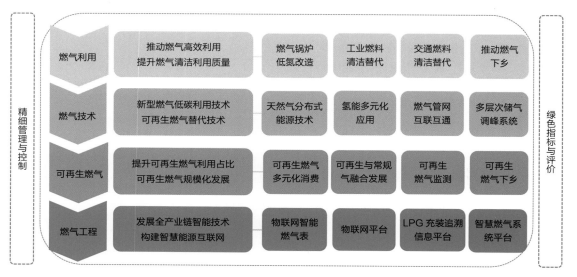

燃气工程绿色发展技术路径

EA3-2
市政能源供热工程

市政供热工程通过清洁低碳多能互补，实现热源向清洁低碳的能源结构转型；通过安全可靠高效输送，提高供热保障能力，降低管网输配能耗；计量供热、按需供热，便于用户端行为节能；智能管控节能降耗，提升精准供热能力和运行效能；最终形成市政供热工程的绿色发展技术路径。

EA3-2-1 清洁低碳多能互补

"双碳"目标下，供热领域实施碳中和战略，其核心就是实现能源低碳转型和系统节能增效，为此，供热行业将面临供热系统的重构。一是供热将从传统燃煤、燃气化石能源结构向低碳非化石能源为主能源结构转变，实现能源低碳转型；二是供热将从单

一能源方式向以低碳能源为主，多种能源和方式互补的方向转变，实现保障能力提升。综上，热源通过提高清洁、可再生能源的占比，实现热源向清洁低碳的能源结构转型；多种能源和方式互补提高供热可靠性。

EA3-2-2 安全可靠高效输送

在供热的输配过程中，首先确保供热安全。优化供热管网主环线及多热源连通干线设计，提高供热事故保证率，提高事故工况下供热保障能力。为应对供热突发事故，建立供热安全事故应急预案，最大程度减少事故及其损害。加强管道保温和补水率控制，提升热能输送效率，采用分布式变频泵、减阻等新技术，降低管网输配能耗。

EA3-2-3 计量供热按需供热

在用户端，提高热计量装置使用率，实现计量供

热；同时提高用户室内温控装置普及率，使热用户可按需供热，也便于用户行为节能。

EA3-2-4 智能管控节能降耗

建立供热系统智能监控平台，完成系统的运行数据获取、效能分析、监测预警、优化调控等，提升精准供热能力和运行效能。

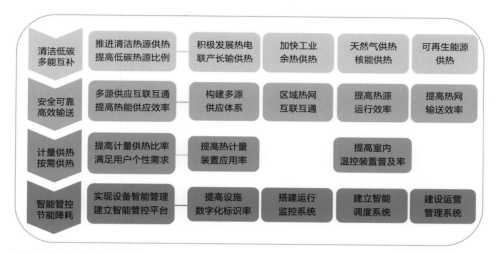

供热工程绿色发展技术路径

EA3-3

市政能源供电工程

市政供电工程通过清洁低碳绿色发展，提高可再生能源装机比重；布局优化安全发展，提高电力抗风险和应急保障能力；统筹兼顾协调发展，实现能源合理流向和资源优化配置；智能高效创新发展，推动新模式新业态智能发展；最终形成市政供电工程的绿色发展技术路径。

EA3-3-1 清洁低碳绿色发展

探索能源开发和生态保护融合发展新路径，加快发展新能源等绿色电源，提高可再生能源装机比重，大力提升电力系统调节能力，全力保障新能源高效利用，提升可再生能源电力消纳水平。推进交通、生活、工业等领域电能替代，提高电能占终端能源消费比重。加大节能减排力度，推广实施先进减排降耗技术，促进全社会节约。

EA3-3-2 布局优化安全发展

统筹优化电源和电网布局，加强各类电源供应保障能力建设，优化电网结构，有效化解"卡脖子"的薄弱环节，严守电力供应安全底线。充分挖掘负荷侧响应等需求侧的应用潜力，提高运行效率，构建规模合理、安全可靠的电力系统，提高电力抗风险和应急保障能力，实现电力安全发展，确保市政基础设施尤其生命线工程在极端气候条件下的供用电保障。

EA3-3-3 统筹兼顾协调发展

统筹生态环境保护与能源资源开发利用，实现可持续发展。统筹各类电源建设，逐步提高非化石能源消费比重。统筹自用电源与外送电源开发建设，遵循国家总体规划布局，促进多能互补一体化开发，推动电力协调发展，实现能源合理流向和资源优化配置。统筹源网荷储一体化开发消纳，实现发、输、配、用、储协调发展。

EA3-3-4 智能高效创新发展

加强发、输、配、用交互响应能力建设，推动电力系统智能化发展，构建"互联网+"智能电网体系，推动源网荷储一体化、多能互补等新模式新业态发展。通过电力基础设施跨界融合复用，建设多元融合的高弹性电网，加快形成状态全面感知、信息高效处理、应用柔性灵活、连接源网荷储的电力互联网。推进电力技术创新，开创管理、运营和商业新模式，实现电力创新发展。

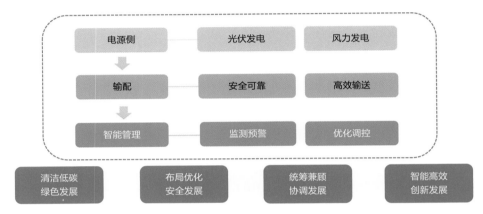

供电工程绿色发展技术路径

GE

GE1-GE4

燃气工程

GAS ENGINEERING

GE1 清洁低碳	GE1-1	清洁燃气规模应用
	GE1-2	生物燃气清洁利用
	GE1-3	绿色氢能有序利用
GE2 保障供应	GE2-1	气源供应能力保障
	GE2-2	储备调配系统建设
	GE2-3	燃气厂站布局优化
	GE2-4	城乡燃气融合发展
GE3 安全可靠	GE3-1	城镇燃气安全管理
	GE3-2	燃气管网更新改造
	GE3-3	户内设施安全提升
GE4 智能管控	GE4-1	系统终端智能感知
	GE4-2	智慧燃气系统建设

GE1

清洁低碳

GE1-1

清洁燃气规模应用

推动工业领域能源消费结构逐步转向使用天然气等清洁能源，对交通运输领域能源清洁替代，提高天然气、氢能、生物天然气等的替代占比，同时对燃气锅炉进行低氮改造，推动绿色节能燃气具应用，因地制宜发展调峰电站和天然气分布式能源技术，可以实现清洁燃气的规模应用。

GE1-1-1 工业燃料清洁替代

通过建立替代高排放燃料的燃气供应支撑体系，支持有条件的工业企业实施天然气化改造提升，推动工业企业能源消费逐步转向清洁能源。推动建筑、陶瓷、玻璃等工业领域能源消费结构逐步转向使用天然气等清洁能源。在工业热负荷相对集中的开发区、工业聚集区、产业园区等，新建和改建天然气集中供热设施。

工业燃料清洁替代

GE1-1-2 交通燃料清洁替代

通过完善交通运输领域能源清洁替代政策，推行清洁能源交通工具，降低交通运输领域清洁能源用能成本，开展多能融合交通供能场站建设。提高天然气、氢能、先进生物液体燃料等清洁能源在城市公共交通、货运物流中的比重。重点发展公交出租、长途重卡，以及环卫、场区、港区、景点等作业和摆渡车辆等。

交通燃料清洁替代

在城市物流集中区、旅游区、公路客运中心等重点区域，发展加氢站、加气站、油气合建站、油气电合建站；充分利用现有公交站场内或周边符合规划的用地建设加气站，对具备场地等条件的加油站增添加气功能；有条件的交通运输企业可建设企业自备加气站。

站点布置

GE1-1-3 燃气锅炉低氮改造

1. 确定改造范围和要求

对于额定热功率0.7MW（额定蒸发量1t/h）以上的工业、发电锅炉且不满足低氮排放要求的，应纳入改造范围。可结合实际，鼓励对民用锅炉和额定热功率0.7MW（额定蒸发量1t/h）及以下工业锅炉实施低氮改造。

2. 合理选择改造技术路线

按照改造技术流程，合理选择技术路线及方法，基本工作流程如下：基础资料收集→技术路线及方法选择→实施改造→安全、环保、能效检验监测→资料存档。

3. 改造后的自行监测

改造完的锅炉应开展自行监测，锅炉使用单位应根据《排污单位自行监测技术指南火力发电及锅炉》HJ 820选取监测点位、设置永久性采样孔。此外，还应配套设置检测平台，并充分考虑安全性、便利性。

大气污染物排放检测

4. 确定自行监测范围

对于额定热功率14MW（或额定蒸发量20t/h）及以上的燃气锅炉，NO_x应进行自动监测，颗粒物、二氧化硫、林格曼黑度、氨（使用氨基还原剂脱硝的）应进行季度监测。

对于额定热功率14MW（或额定蒸发量20t/h）以下的燃气锅炉，NO_x应进行月度监测，颗粒物、二氧化硫、林格曼黑度应进行年度监测。使用氨作为还原剂的，还应对氨罐区周边氨浓度进行季度性监测。

燃气锅炉低氮改造技术路线及方法

技术路线	二级技术路线	技术方法
整体更换锅炉	—	整体更换锅炉
改造燃烧设备	改造/更换燃烧设备	全预混表面燃烧器、水冷预混燃烧器
	烟气再循环	烟气外循环、烟气内循环
	分级燃烧	燃烧分级、空气分级
	组合改造技术	烟气外循环+分级燃烧、烟气外循环+低氮燃烧器
末端治理	—	SNCR脱硝、SCR脱硝、SNCR-SCR联合脱硝
组合路线	—	改造燃烧设备+末端治理

相关标准规范指引文件

要求	标准规范
自行监测	《排污单位自行监测技术指南 火力发电及锅炉》HJ 820
污染物排放	《火电厂大气污染物排放标准》GB 13223
	《锅炉大气污染物排放标准要求》GB 13271
	《固定污染源烟气（SO_2、NO_x、颗粒物）排放连续监测技术规范》HJ 75
改造后检验	《锅炉用液体和气体燃料燃烧器技术条件》GB/T 36699
能效测试	《工业锅炉能效测试与评价规则》TSG G0003
安全监察	《锅炉安全技术监察规程》TSG G0001

GE1-1-4 绿色节能燃气具应用

通过推广绿色节能燃气具，替换老旧以及不符合相关国家标准的燃气具，提高市场占有率；统计地区绿色节能燃气具产品市场占有率数据，纳入生态文明建设年度评价结果公报中，将家用燃气具作为其中的统计指标，将绿色节能燃气具产品市场占有率作为绿色生活评价指标。绿色节能燃气具产品应涵盖家用燃气灶具、商用燃气灶具、家用燃气快速热水器和燃气采暖热水炉，且能源利用效率达到能效2级及以上。

绿色节能燃气具

GE1-1-5 因地制宜发展调峰发电

在用电负荷中心新建以及利用现有燃煤电厂已有土地、已有厂房、输电线路等设施建设天然气调峰电站，提升负荷中心电力安全保障水平。在可再生能源分布集中和电网灵活性较低区域发展天然气调峰机组，推动天然气发电与风力、太阳能发电、生物质发电等新能源发电融合发展，提升电源输出稳定性，降低弃风弃光率。

　　因地制宜建设既满足电力运行调峰需要、又对天然气消费季节差具有调节作用的天然气"双调峰"电站。

天然气"双调峰"电站

GE1-1-6 天然气分布式能源技术

1. 天然气分布式能源技术推广

　　在大中城市具有冷、热电需求的能源负荷中心、产业和物流园区、旅游服务区、商业中心、交通枢纽、医院、学校等地，推广天然气分布式能源示范项目，结合互联网+、能源智能微网等新模式，实现多能协同供应和能源综合梯级利用。在管网未覆盖的区域，开展以LNG为气源的分布式能源应用试点。

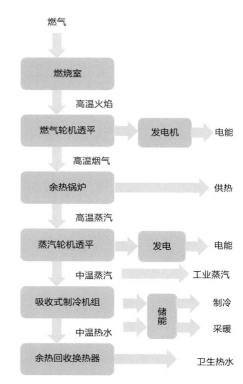

天然气分布式能源的能量梯级利用

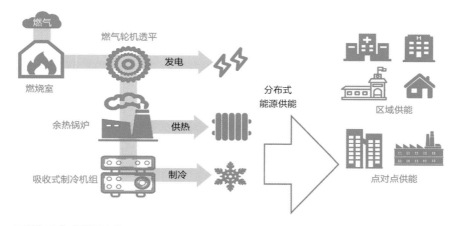

天然气分布式能源技术

2. 天然气分布式能源区域供能

　　构建天然气分布式能源为基础的源、网、荷、储一体化供能服务系统；供能系统应深度协同源、网、荷、储和能源服务，形成区域供能核心支撑，实现电、气、水、热、冷等多元能源产品供应。同时提供区域能源数字化管理、用能设备专业化运维、用能设备联储联备、区域能源贸易等多元服务，提升服务区域能源监管水平与供用能整体效率，降低终端用户用能成本。

3. 天然气分布式能源点对点供能

　　电网公司合作开发模式主要以提供黑启动、调峰、备用电源和支撑电源，改善电网在安全稳定性方面的不足；燃气公司模式主要以实现燃气供应削峰填谷为主，减少燃气公司设备投资和提升设备利用率；数据中心模式主要采用"并网不上网"运行模式，以提供电能和冷冻水等产品为主，并提供能效提升和能源设备托管服务，改善供能安全性和稳定性；商业中心模式应采用"并网不上网"，采用"冷+电+储能""热+电+储能"等联供方案，改善供能可靠性、降低用能成本。

GE1-2

生物燃气清洁利用

> 通过建立生物天然气多元化消费体系，推动生物天然气的优先利用；促进生物天然气和常规燃气的融合发展与良好互动，合理选定生物天然气提纯技术，力争生物天然气的气质波动能够符合城镇燃气互换要求；建立生物天然气监测体系，促进生物天然气的产业化发展。

GE1-2-1 生物天然气多元化消费

在具备条件地区建立生物天然气产、输、配、储一体化生产和消费体系，形成多元化消费体系，积极推动优先利用。通过发展就地收集原料、就地加工转化、就近消费利用的分布式生物天然气生产消费体系，增加燃气气源保障。

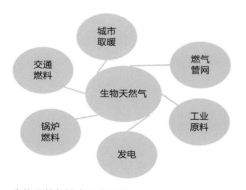

生物天然气的多元化消费

GE1-2-2 生物气常规气融合发展

将分布式生物天然气作为当地天然气的重要补充，加强生物天然气规划与常规天然气发展规划的协调衔接；作为分布式天然气，融入天然气产供储销体系，形成与常规天然气融合发展、协调发展、良好互动的格局。

生物气与常规气的融合发展

GE1-2-3 合理选择燃气提纯技术

生物天然气提纯制气工程宜与原料气生产工程同时设计、同时投入生产和使用；生物天然气提纯制气工程的设计能力和工艺路线应根据原料气类型、流量、组分，以及产品气用途等条件，并结合当地环境、温度等因素，经技术经济比较后确定。提纯系统工艺可采用水洗法、变压吸附法或膜分离法等。

生物天然气的技术指标应符合相关规定，并入现状燃气输配管网或压缩天然气供应系统的生物天然气，其发热量和组分的波动应符合当地城镇燃气互换的要求。

生物天然气技术要求

项目	一类	二类
高位发热量（MJ/m^3）	≥34.0	≥31.4
甲烷含量（mol/mol）	≥96×10^{-2}	≥85×10^{-2}
氢气含量（mol/mol）	≤3.5×10^{-2}	≤10×10^{-2}
二氧化碳含量（mol/mol）	≤3.0×10^{-2}	
硫化氢含量（mg/m^3）	≤5	≤15
总硫含量（mg/m^3）	≤6	≤20
氧气含量（mol/mol）	≤0.5×10^{-2}	
一氧化碳含量（mol/mol）	≤0.15×10^{-2}	
氨气含量（mol/mol）	≤50×10^{-6}	
汞含量（mg/m^3）	≤0.05	
硅氧烷类含量（mg/m^3）	≤10	
总氯含量（mg/m^3）	≤10	
固体颗粒物含量（mg/m^3）	≤1	

GE1-2-4 生物天然气监测体系

建立"项目自我监测、行业统一监测、政府加强监管"的生物天然气监测体系；项目单位建立运营监测系统和制度，对原料进厂、发酵制气、沼气净化提纯等进行全过程监测；建立统一开放行业监测平台，对全行业进行监测；能源主管部门及相关部门实行高效监管。

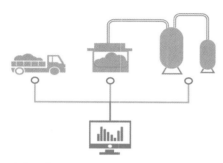

生物天然气监测体系

GE1-3

绿色氢能有序利用

通过发展可再生能源制氢，为规模化绿色制氢提供技术支撑；逐步构建高密度、轻量化、低成本、多元化的氢能储运体系，统筹规划加氢网络，逐步实现全域覆盖；推进氢能在交通、储能、发电、化工等行业领域的多元化、规模化应用，实现绿色氢能的有序利用。

GE1-3-1 可再生能源绿色制氢

通过风、光、氢、用一体化的方式，开展"风光储氢""源网荷储氢"等绿色制氢技术，推动风光制氢规模化发展，探索氢能供电供热商业模式，建立绿氢生产基地。利用弃风、弃光电量制氢平衡电网负荷的技术，在大型工业企业聚集地区及氢能应用区推广谷电制氢项目，构建零碳、低成本、安全可靠的绿氢供给体系。发展固体氧化物高温和质子交换膜电解水制氢技术、适应可再生能源快速变载的高效低成本电解槽设备等技术，为规模化绿色制氢提供技术支撑。

｜再生能源绿色制氢

GE1-3-2 构建掺氢/纯氢储运体系

以安全可控为前提，积极推进技术材料工艺创新，支持开展多种储运方式的探索和实践。提高高压气态储运效率，降低储运成本，有效提升高压气态储运商业化水平。推动低温液氢储运产业化应用，探索固态、深冷高压、有机液体等储运方式应用。开展掺氢天然气管道、纯氢管道等试点示范。逐步构建高密度、轻量化、低成本、多元化的氢能储运体系。

气态

液态

固态

氢能储运体系

GE1-3-3 统筹规划加氢网络

坚持需求导向，按照"整体规划、分步实施"的原则，根据由专用向公用、由城市向城际发展的思路，逐步推进加氢站基础设施的布局建设，优先在氢源有保障、产业基础好、燃料电池车推广应用多的区域推动加氢站建设；鼓励传统加油站、加气站建设油气电氢一体化综合交通能源服务站，逐步建成覆盖全区域的加氢站网络。

GE1-3-4 推进氢能多元化应用

1. 交通领域氢能应用

推广氢燃料电池中重型车辆应用，拓展氢燃料电池等新能源客、货汽车市场应用空间，建立燃料电池电动汽车与锂电池纯电动汽车的互补发展模式。

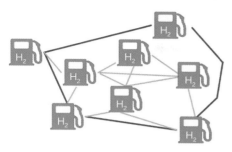

加氢站网络

2．储能领域氢能应用

开展氢储能在可再生能源消纳、电网调峰中的应用，发展"风光发电+氢储能"一体化应用新模式，形成抽水蓄能、电化学储能、氢储能等多种储能技术相互融合的电力系统储能体系。

3．发电领域氢能应用

在社区、园区、矿区、港口等区域布局氢燃料电池分布式热电联供设施；推动氢燃料电池在备用电源领域的市场应用；发展以燃料电池为基础的发电调峰技术；结合偏远地区、海岛等用电需求，开展燃料电池分布式发电应用。

4．化工行业氢能应用

开展以氢作为还原剂的氢冶金技术研发应用，氢在工业生产中作为高品质热源的应用。扩大工业领域氢能替代化石能源应用规模，引导合成氨、合成甲醇、炼化、煤制油气等行业由高碳工艺向低碳工艺转变，促进高耗能行业的绿色低碳发展。

GE2

保障供应

GE2-1

气源供应能力保障

建设多源多向、互联互通的城镇燃气输配系统，逐步形成联系畅通、运行灵活、安全可靠的主干管网系统；构建多气源、多层级、广覆盖的燃气供应保障体系，提高管道网络化程度，逐步实现燃气管网"全国一张网"，提高供气可靠性和安全性；合理规划气源结构，因地制宜满足气质要求。

GE2-1-1 一张网络物理联通

1．燃气管网全覆盖

推进燃气管网互联互通和支线管道建设，扩大燃气管道覆盖范围并向具备条件的沿线乡镇辐射。拓展、加密城镇供气管网，推动新建居民小区全部配套建设燃气管道，推进老旧小区、城中村、偏远城区、重点工业园区、大型用气企业供气管道化改造，消除市政燃气管网空白区域，实现管网全覆盖。

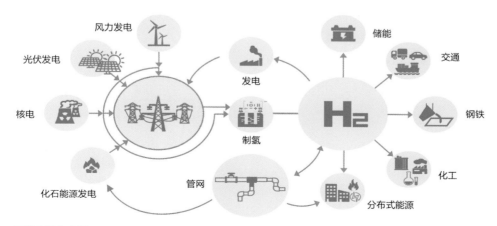

氢能多元化应用

2. 燃气管网互联互通

通过完善主要消费区域干线管道、省内输配气管网系统，加强省际联络线建设，提高管道网络化程度，加快城镇燃气管网建设。建设地下储气库、煤层气、页岩气、煤制气配套外输管道。强化主干管道互联互通，逐步形成联系畅通、运行灵活、安全可靠的主干管网系统。通过推动地市内部相邻行政区域之间、不同天然气企业之间管网互联互通，提高供气可靠性和安全性。

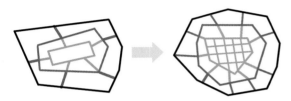

燃气管网全覆盖

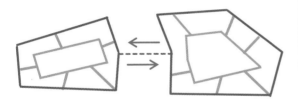

燃气管网互联互通

GE2-1-2 多源多向燃气供应

1. 形成多源多向燃气供应格局

根据地区发展需要，建设以长输管道天然气为主要气源，LNG为调峰应急气源，建设若干门站、LNG储配站，形成多源多向、互联互通的城镇燃气输配系统。面向管道天然气辐射不到的区域，主要以液化石油气补充城市商业、居民用气，参与城市燃气应急调峰，同时逐步淘汰人工煤气。

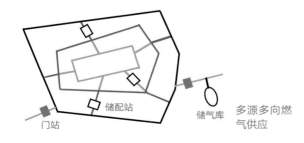

门站   储配站   储气库   多源多向燃气供应

2. 合理规划气源结构

燃气气源宜优先选择天然气、液化石油气和其他清洁燃料。当选择人工煤气作为气源时，应综合考虑原料运输、水资源因素及环境保护、节能减排要求。中心城区规划人口大于100万人的城镇输配管网，宜选择2个及以上的气源点。气源选择时应考虑不同种类气源的互换性。

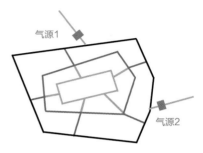

气源1   气源2

合理规划气源结构

GE2-1-3 多态模式燃气供应

1. 燃气供应保障体系构建

构建多气源、多层级、广覆盖的燃气安全供应保障体系。逐步形成以管道天然气为主导，压缩天然气、液化石油气为补充，液化天然气为应急备用的用气结构，城市居民和单位用户逐步淘汰人工煤气；建设安全可靠的乡村储气罐站和微管网供气系统。

2. 燃气输配管网系统构建

根据城市规模，城区内天然气供应采用高压一次高压—中压三级、次高压—中压两级或者中压一级供气系统，集中式燃气锅炉可采用供气专线供应。对于中心城区规划人口大于万人的城市，燃气主干管应选择环状管网。

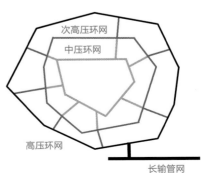

次高压环网   中压环网   高压环网   长输管网   三级供气系统

3. 供气层级扁平化

按照减少供气环节、降低输气成本的原则，积极推动大用户直供。城镇燃气管网已覆盖的区域，直供用户可自主选择直供方式或城市燃气企业管网代输方式供气。按照"国家管网—城燃企业管网—用户"的供应模式，整合城市供气管网，允许有条件的城市燃气企业就近接入主干管网下载气源，解决层层转输、层层收费问题，实现供气层级扁平化。

供气层级扁平化

GE2-2

储备调配系统建设

通过加大地下储气库扩容改造和新建力度，形成储气库群与液化天然气接收站联动调峰的优势；加快LNG接收站储气能力建设，形成多层次储气系统，构建区域性储气调峰中心；推动LNG罐箱多式联运，构建市场调峰机制，形成综合调峰体系，保证燃气供应安全。

GE2-2-1 地下储气库扩容改造

推动油藏改建地下储气库、枯竭型气藏改建地下储气库、含水层建设地下储气库。对于新发现的气田，可按照储气库作开发方案；在气田开发初期按照储气库的标准进行建设。对盐穴老腔改建地下储气库进行筛选及评价，通过盐穴老腔筛选、监测、评价与改造等手段，有效利用盐穴老腔资源，提高储气调峰能力。

储气库通过管网干线与天然气接收站互联互通，形成储气库群与液化天然气接收站联动调峰的优势，并通过气库注采站与国家管网主干线连通，发挥储气库群移谷调峰作用，保证天然气安全供应。

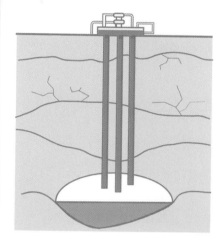

枯竭油气藏储气库

GE2-2-2 接收站储气能力提升

通过多元主体参与，在沿海地区优先扩大已建LNG接收站储转能力；推动LNG接收站与主干管道间、LNG接收站间管道互联，消除"LNG孤站"和"气源孤岛"。LNG接收站形成与气化能力相配套的外输管道，通过接收站增加LNG槽车装车撬等，提高液态分销能力。

扩大现有LNG接收站储罐规模，城市群合建共用储气设施，形成区域性储气调峰中心，保证储气能力和较好的经济性，提高调峰能力和储备天数。通过储气设施集约运营、合建共用，建设区域级、省级应急储气中心，减少设施用地，降低运行成本。

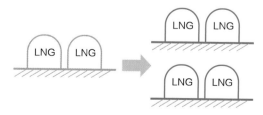

接收站储气能力提升

GE2-2-3 LNG罐箱多式联运

通过船舶运输、公路/铁路运输，实现"一罐到底"

多式联运。将LNG运输至管网覆盖不到的地区，保障LNG的稳定持续供应，促进LNG运输模式的升级。

在拥有天然气管网的城乡周边，建造LNG罐箱调峰站，作为管道气需要调峰时的备用气源。在管网尚未能覆盖的地区，利用LNG罐箱建造卫星储气站，或作为点供临时储气设备使用，并同时配备气化装置，形成稳定的天然气供应链。

LNG罐箱多式联运

GE2-2-4 综合调峰体系建立

建立以地下储气库和沿海LNG接收站储气为主，重点地区内陆集约、规模化LNG储罐应急为辅，气田调峰、可中断供应、可替代能源和其他调节手段为补充，管网互联互通为支撑的多层次储气调峰系统。在调节季节峰谷差、满足冬季高峰用气需求、保障重点地区供应等方面可发挥重要作用。

通过管网改造升级，协调系统间压力等级，实现管道双向输送，最大限度发挥应急和调峰能力。保障互联互通工程实施以及储气设施就近接入输配管网。

综合调峰体系

GE2-2-5 市场调峰机制构建

全面实行天然气购销合同管理，供用气双方签订的购销合同原则上应明确年度供气量、分月度供气量或月度不均衡系数、最大及最小日供气量等参数，并约定双方的违约惩罚机制。鼓励企业采购LNG现货、签订分时购销合同（调峰合同），加强用气高峰期天然气供应保障。

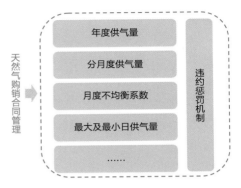

天然气购销合同管理

GE2-3

燃气厂站布局优化

> 按照"标准提高、只减不增、共建共享"的原则，对燃气站点设施进行升级改造；加大智能管理力度，提升灌装站本质化安全；按照"市县（区）统筹、企业建设"的模式，对液化石油气瓶装供应站进行优化，推进液化石油气行业规模化、专业化发展。

GE2-3-1 站点设施升级改造

按照"标准提高、只减不增、共建共享"的原则，通过现有燃气厂站的转、并、改、扩，淘汰落后的站点设施。

确保站内燃气浓度报警、消防给水、排水、灭火设备、救援器材等安全设施配置合理并完好有效，确保电气设施的设计、安装、使用符合有关防爆、防雷技术标准。燃气储罐应设置压力、温度、罐容或液位显示等监测装置，并应具有超限报警功能。

GE2-3-2 灌装站本质化安全提升

提高充装站的建设标准（单站储罐有效容积宜大于400m³），增加智能充装和视频监控设备，提升充装站本质化安全。搭建液化石油气业务平台，实现智慧气瓶管理，配合自动充装系统，建设智能充装或储配站，实现气瓶充装、装卸、领退等环节的全自动运营。

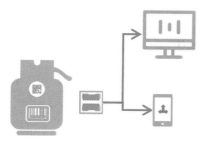

智能气瓶管理

GE2-3-3 LPG瓶装供应站优化

按照"市县（区）统筹、企业建设"的模式，优化LPG瓶装供应站等设施布局、建设时序、保护范围等，淘汰非法经营、安全隐患突出、供应能力不足的供应站，逐步减少便民服务部等过渡性站点设施；通过企业设施合建，设置大型公共供应站，实现液化石油气行业规模化、专业化发展。

GE2-4

城乡燃气融合发展

> 通过加强乡村清洁能源保障，发展乡村微管网供气系统，宜因地制推动燃气下乡；采用乡村"燃气+可再生能源"协同发展能源供应新模式，稳固乡村绿色低碳能源供应体系；合理确定供气方案，完善乡村燃气技术标准，促进城乡燃气融合发展。

GE2-4-1 因地制宜保障气源供应

1. 因地制宜推动燃气下乡

按照"宜网则网、宜罐则罐"的原则，因地制宜制定乡村燃气设施规划建设方案；在气源有保障、经济可承受的情况下，鼓励地区管道燃气企业向周边乡镇和农村辐射供应管道天然气，扩大供气覆盖范围，加强乡村清洁能源保障。

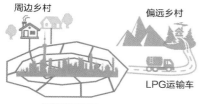

因地制宜推动
燃气下乡

2. 因地制宜保障气源供应

燃气下乡要因地制宜根据当地气源和基础设施建设情况按需发展，综合利用生物天然气、液化天然气、压缩天然气、管道天然气、液化石油气和人工煤气等气源，形成多气源供给，推动地方燃气企业增加供应渠道。

多气源供给

3. 合理确定乡村燃气供气方案

乡村燃气供气方案应按照因地制宜的原则。靠近管道气源的地区，宜采用管道供气作为气源；不具备管道气源的地区，宜采用供气厂站供气作为气源。供气厂站应根据供气规模和特点综合考虑，对规模较小、交通不便的独立供气点宜设置瓶组站供气，对供气范围较大的供气点宜设置气化站或储配站供气。

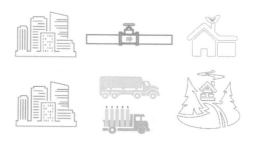

乡村燃气供气方案

GE2-4-2 发展乡村微管网供气系统

建设安全可靠的乡村储气罐站和微管网供气系统。通过专用带泵槽车将燃气配送到各村庄小型储罐，经过气化调压后，通过独立的低压燃气管网进入每家每户，用户消费按表计量。实现农村燃气由"瓶装供应、家庭储存、自行保管"的传统模式向"专用罐车配送、小型储罐供气、远程在线监控"技术创新模式的转变。

微管网供气示意图

GE2-4-3 燃气与可再生能源融合

通过乡村"燃气+可再生能源"协同发展能源供应新模式，带动燃气与太阳能、风能以及生物能协同利用，形成稳定及绿色的能源供应链。依托天然气能源稳定特点，弥补可再生能源在季节和时点间歇性不足的缺点，为乡村的局部地区提供稳定能源，对该地区利用可再生能源可形成兜底和保障功能。

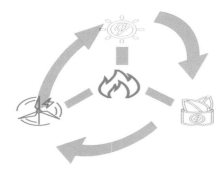

燃气+可再生能源协同发展

GE2-4-4 完善农村燃气技术标准

实行城乡燃气统一管理，各地农村燃气管理部门参考城镇燃气有关管理规定。建立和完善农村燃气管理制度，明确农村燃气规范标准。建立健全农村燃气安全监管机制，实行燃气安全监管员、村（居）燃气安全协管员和燃气经营企业驻村（居）安全员制度，推进农村燃气规范化、科学化管理。完善适用农村地区的LPG、LNG、CNG等气源形式的工程技术标准和针对农村燃气的法规、规范。

GE3
安全可靠

GE3-1
城镇燃气安全管理

通过合理制定燃气发展规划，编制燃气安全应急预案，划定燃气设施保护范围，制定燃气设施保护方案，规范燃气用户用气行为，推进落实用气安全管理制度，开展燃气管道完整性管理，建设城镇燃气运行监控及数据采集系统，提高城镇燃气安全水平。

GE3-1-1 合理制定燃气发展规划

规划应贯彻国家产业发展、能源利用和环境保护等政策，在国土空间规划指导下，结合城市经济社会发展水平，针对城镇燃气发展现状和管理水平，提出推进新型城镇化、加强生态文明建设、优化能源利用结构、提高居民生活质量、保证安全供应的规划原则，体现统筹兼顾、因地制宜、远近结合、分期实施、智慧管理等要求，保障燃气供应与安全，促进燃气事业健康发展。

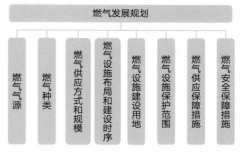

合理制定燃气发展规划

GE3-1-2 编制燃气安全应急预案

燃气管理部门应当会同有关部门依据相关法律、法规及规章的规定，结合地区燃气行业实际制定燃气安全事故应急预案，建立燃气事故统计分析制度，定期通报事故处理结果。

燃气经营者应当制定本单位燃气安全事故应急预案，配备应急人员和必要的应急装备、器材，并定期组织演练。

应急预案内容应包括各级燃气行业管理部门和燃气经营企业的应急组织与职责、风险识别和事故分级、预警机制、应急响应、后期处置、应急保障等内容。

GE3-1-3 划定燃气设施保护范围

燃气管理部门应当会同有关部门，按照国家有关标准和规定划定燃气设施保护范围，并向社会公布；在燃气设施保护范围内，明确禁止从事危及燃气设施安全的活动。

在燃气设施保护范围内，有关单位从事敷设管道、打桩、顶进、挖掘、钻探等可能影响燃气设施安全活动的，应当与燃气经营者共同制定燃气设施保护方案，并采取相应的安全保护措施。

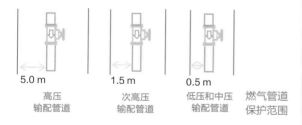

5.0 m	1.5 m	0.5 m	
高压输配管道	次高压输配管道	低压和中压输配管道	燃气管道保护范围

GE3-1-4 规范燃气用户用气行为

明确燃气用户及相关单位和个人行为范围。燃气用户应当遵守安全用气规则，使用合格的燃气燃烧器具和气瓶，及时更换国家明令淘汰或者使用年限已届满的燃气燃烧器具、连接管等，并按照约定期限支付燃气费用。

单位燃气用户还应当建立健全安全管理制度，加强对操作维护人员燃气安全知识和操作技能的培训。

GE3-1-5 开展燃气管道完整性管理

燃气经营者应当建立健全燃气安全评估和风险管理体系，覆盖管道的全寿命周期，协调燃气管道与周边建（构）筑物的关系，并将燃气管道完整性管理纳入整个区域的公共安全管理体系之中；燃气管道完整性管理应该包括数据采集与管理、单元识别、风险评价、风险控制、效能评价。

燃气管道完整性管理

GE3-1-6 建设监控及数据采集系统

供气规模大于50000m³/d的城镇燃气输配系统应设置监控及数据采集系统。监控及数据采集系统宜有优化调度、负荷预测、管网仿真、参数预警和事故报警等功能，还应有事件记录与管理功能。

监控及数据采集系统

GE3-2

燃气管网更新改造

确定燃气管网改造对象范围和改造标准，结合更新改造同步对燃气管道重要节点安装智能化感知设施，建立完善智能管理系统，实现智能监测、智慧运行；全面开展城市燃气管道和设施普查，合理安排改造工程时序，因地制宜选择施工方法，加快燃气管网更新改造进程。

GE3-2-1 确定改造范围和标准

1. 明确改造对象范围

城市燃气管道更新改造对象应为材质落后、使用年限较长、运行环境存在安全隐患，不符合相关标准规范规定的老化燃气管道和设施。

2. 合理确定改造标准

建立检测评估机制，综合考虑管道材质、使用年限、运行环境影响等，合理界定本地区城市燃气管道老化更新改造对象范围；坚持保障安全、满足需求，科学确定更新改造标准。

结合更新改造同步对燃气管道重要节点安装智能化感知设施，建立完善智能管理系统，实现智能监测、智慧运行。

燃气管道更新改造类型和范围

类型	范围
市政管道与庭院管道	全部灰口铸铁管道
	不满足安全运行要求的球墨铸铁管道
	运行年限满20年，经评估存在安全隐患的钢质管道、聚乙烯（PE）管道
	运行年限不足20年，存在安全隐患，经评估无法通过落实管控措施保障安全的钢质管道、聚乙烯（PE）管道
	存在被建构筑物占压等风险的管道
立管（含引入管、水平干管）	运行年限满20年，经评估存在安全隐患的立管
	运行年限不足20年，存在安全隐患，经评估无法通过落实管控措施保障安全的立管
厂站和设施	存在超设计运行年限、安全间距不足、临近人员密集区域、地质灾害风险隐患大等问题，经评估不满足安全运行要求的厂站和设施
用户设施	居民用户橡胶软管、需加装的安全装置等
	工商业等用户存在安全隐患的管道和设施

GE3-2-2 城市燃气管道和设施普查

联合地方政府、燃气企业和第三方评估检测机构，利用城市信息模型平台及地下管线普查成果等既有资料，运用高科技探测手段和专业人员巡检相结合的方式，全面摸清城市燃气管道设施种类、权属、构成、规模，摸清位置关系、运行安全状况等信息，掌握设施周边水文、地质等外部环境，明确老旧管道和设施底数，建立更新改造台账。健全城镇燃气管道设施基础信息数据、及时纳入信息平台，实时更新燃气管道设施信息底图。

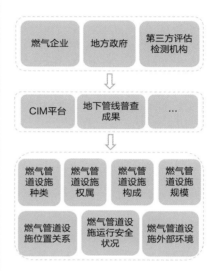

城市燃气管道和设施普查

GE3-2-3 合理安排改造工程时序

旧城区管网改造时，要统筹制定旧城（含城中村）改造与管网改造年度计划，确保旧城改造时同步改造片区内公共老旧管网设施。其他区域管网改造时，要做好管网改造和道路提升改造时序衔接，力争老旧管网改造与道路提升改造同步推进；管网改造与道路提升改造不同步时，要尽力缩小作业范围，降低道路挖掘程度。具备条件的地区，要统筹城市地下综合管廊建设与管网改造，积极推进管线入廊敷设。

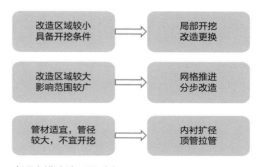

合理安排改造工程时序

GE3-2-4 因地制宜选择施工方法

因地制宜选择施工方法，对于改造区域较小、具备开挖条件的，可选择局部开挖、改造更换等施工方式；对于改造区域较大，影响范围较广，可选择网格推进、分步改造等施工方式；对于管材适宜、管径较大、不宜开挖的，可采取内衬扩径、顶管拉管等施工方式，尽量实现无补偿直埋，减少道路挖掘修复。

管网改造后，运行管理单位要积极推进专业化、标准化和智慧化管理。建设燃气管线信息系统，依托物联网技术，推进燃气管网智慧化管理，实时掌握压力流量、浓度、热值等运行数据，实现智能管理。

GE3-3

户内设施安全提升

实施居民燃气用户室内燃气设施升级改造工作，家庭用户管道应设置自动切断装置、燃气泄漏报警设施、报警切断联动装置等安全设施，同时推进燃气表智能化升级，加大表具智能管理和安全防范功能应用；有效防止和减少燃气安全事故，保障公民生命、财产和公共安全。

GE3-3-1 燃气管道阀失压关闭

家庭用户管道应设置当管道压力低于限定值或连续燃气具管道的流量高于限定值时能够切断向燃气具供气的安全装置。装置应具有超压自动关闭、欠压自动关闭、过流自动关闭功能，关闭时不借助外部动力，关闭后须手动开启。装置应安装在灶前或其他燃气燃烧器具前便于操作的位置。安装在橱柜内时，橱柜应设置百叶窗或自然通风孔。

燃气管道阀失压关闭

GE3-3-2 燃气泄漏报警切断

新建居民住宅使用管道燃气的，应当安装燃气泄漏报警切断装置；既有居民住宅使用管道燃气的，由燃气经营企业按照规定加装燃气泄漏报警切断装置。燃气泄漏报警切断装置的加装、维护、更新费用纳入燃气经营企业配气成本。

按照"功能齐全、质量过硬、价格适中、售后完备"的原则，对市场上流通的报警器和切断阀进行全面考察询价，合理确定燃气报警器和切断阀产品型号、品种及价格。

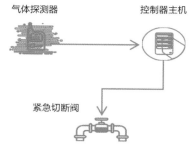

燃气泄漏报警切断流程示意

GE3-3-3 燃气表智能化升级

使用时长超过10年的旧燃气表应更换为物联网智能燃气表。物联网智能燃气表除了具备计量计费功能外，它还具有存储备用气量、记录用气情况、各种功能状态显示和声音提示、限制燃气超流量、燃气泄漏报警等智能管理和安全防范功能。

GE4

智能管控

GE4-1

系统终端智能感知

推进燃气管道阴极保护智能监测，实现管道状况在线检测功能；推进阀门井泄漏报警监测，实现可燃气体浓度数据上传，渗漏及泄漏报警，阀门状态指示；推进用户端燃气泄漏监测和智能化燃气计量，同时通过信息技术手段，对液化石油气气瓶进行跟踪追溯管理，加强燃气系统终端智能感知能力。

GE4-1-1 管道阴极保护智能监测

以地理信息系统（GIS）为基础平台，以公共无线数据通信方式（GPRS）和有线远程通信方式为数据传输手段，配合辅助决策分析功能，建立管道阴极保护智能监测系统，实现对管道等被保护体状况的在线检测功能，同时实现通过远程控制方式随时监视并调整恒电位仪的工作状态，确保阴极保护系统处于最佳工作状态。

GE4-1-2 阀门井泄漏报警监测

在阀井内安装阀井天然气泄漏监测系统，实现全方位的监测，对城镇燃气阀门井实行24小时实时监测，实现可燃气体浓度数据上传，渗漏及泄漏报警，阀门状态指示；应采用无线网络实现数据传输监测，系统应采用不间断供电方式，系统应涵盖各阀井的组态信息，可显示报警、查询、图表、实时监测等功能。

对于气体密度小于或等于空气的可燃气体，装

置安装位置宜尽量靠近井口（距井口距离不大于30cm），对于气体密度大于空气的可燃气体，装置安装位置宜尽量靠近井底（距井底距离不大于30cm）。

GE4-1-3 终端燃气泄漏监测

对居民及工商户用气场所进行可燃气体浓度、设备运行状况的实时监测与预警。通过基于物联网的可燃气体监测系统，实现支撑泄漏报警设备全生命周期的运营管理，对可燃气体泄漏报警设备的运行状态进行实时监控，同时可对监测异常信息通过平台、APP、微信、短信、语音电话等多种方式预警。

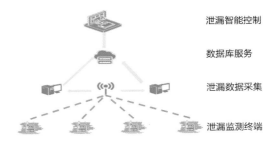

燃气泄漏监测路径图

GE4-1-4 智能化燃气计量

将窄带物联网NB-IoT技术与传统的膜式燃气表结合形成物联网智能燃气表，实现燃气的精准计量。物联网智能燃气表应具备自动完成抄表、收费、报表生成等功能，并且能够实现阶梯计价模式，灵活调节不同时间段内的计价方式和价格。同时应可以和燃气泄漏报警器进行联动，并将报警信息及时地发送到数据服务中心，数据服务中心通过短信平台及时提醒用户。

GE4-1-5 液化石油气LPG气瓶智能管理

通过电子标签或二维码等信息技术手段，对液化石油气气瓶进行跟踪追溯管理，瓶装液化石油气企业加快构建智能气瓶全流程管理平台，实现在生产、运输、销售、配送及客户使用过程中气瓶数据的实时监控及预警、气瓶准确定位和自动报警等功能。配合自动充装系统，建设智能充装或储配站，实现气瓶充装、装卸、领退等环节的全自动运营。

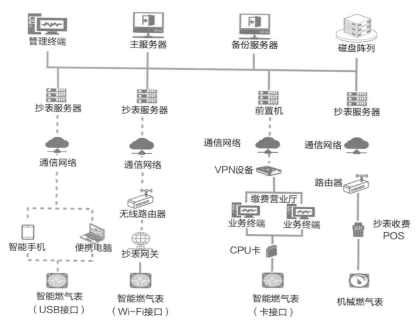

智能燃气收费平台示意图

GE4-2

智慧燃气系统建设

构建智慧燃气物联网平台，加强识别、定位、跟踪、监管等功能；形成统一的全量数据和数据底座，实现数据价值挖掘和共享；建立"一屏感知全局"的智慧燃气可视化系统，实现运营自主决策；构建以本质安全体系为支撑、自觉尊重用户体验、满足用户个性化需求的综合化智慧服务平台。

GE4-2-1 智慧燃气物联网平台构建

与通信运营商共同推动物联网覆盖，构建物联网平台，加强识别、定位、跟踪、监管等功能。推动涵盖计量、阴极保护、管网末梢压力监测、阀门井泄漏、居民及工商户可燃气体泄漏监测等场景终端的智能化，降低抄表成本及实现资产全寿命周期管理，保障管网运行安全，提升运行效率，提高响应速率，降低人力成本，提升企业效益，促进"数据资产"的完整性管理。

充分发挥大数据、云计算等新技术，提升工业控制安全与网络安全水平，推动SCADA系统普及化，提高燃气行业信息管理安全。

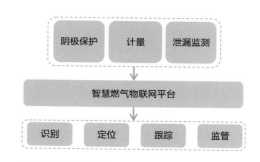

智慧燃气物联网平台

GE4-2-2 全量数据和数据底座统一

根据业务应用场景制定统一的数据标准，在此基础上，通过建立统一的数据接口规范集成已建设系统的数据，对于缺乏信息化基础的数据，明确数据传输协议标准、数据字典项、数据治理要求。

通过面向智慧化行业场景的数据建模、分析和价值挖掘，形成统一的全量数据和数据底座，实现数据价值挖掘和共享，从而实现联动协同治理；基于智慧系统平台，通过终端的智能化，打通政府、企业、研究机构等内外部数据，实现运营、维护、调度、应急指挥、施工作业等的智慧化集成；融合和横向整合新技术，构建智慧燃气新信息通信技术（简称ICT），实现平台、网络、终端纵向的高效协同。

GE4-2-3 智慧燃气可视化系统构建

以现有调度结构为基础，集成GIS、SCADA、管网仿真、管道完整性管理等各类生产运行系统，推动无人机巡线、无人化场站、城市管网监测与保护建设。

基于"强后台、大中台、微应用"整体思路，应用云计算、大数据、物联网、人工智能、5G等新兴技术，联合城市燃气企业打造一体化共享共用的智慧燃气"大平台"，将智慧燃气系统平台与城市信息模

型基础平台深度融合，实现对燃气供需状况、设施实时动态、安全状态等应用场景的全流程监测，为燃气决策提供支撑，实现燃气"一网统管"。结合城市燃气智慧数字底座，建立"一屏感知全局"的智慧燃气可视化系统，实现运营自主决策。

GE4-2-4 综合化智慧服务平台构建

以智能服务平台与用户管理系统为基础，利用"互联网+"、大数据分析技术，突破传统服务模式，推进终端用户应用与垂直业务部门系统的融合集成，拓展全新服务渠道，提供系统化综合方案，构建以本质安全体系为支撑、自觉尊重用户体验、满足用户个性化需求的综合化智慧服务平台。

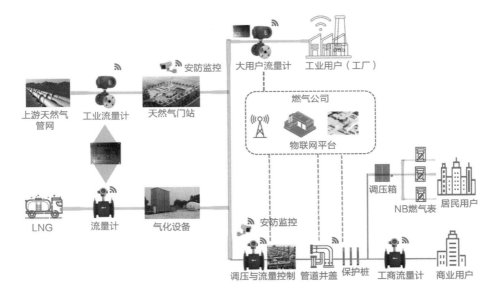

综合化智慧燃气服务平台

H1-H4

供热工程

HEATING

H1 安全舒适	H1-1	构建多源供应体系
	H1-2	区域热网互联互通
	H1-3	配置监控预警系统
	H1-4	建立应急管控机制
	H1-5	满足用户个性需求
H2 清洁低碳	H2-1	推进清洁热源供热
	H2-2	提高低碳热源比例
H3 高效稳定	H3-1	提高热源运行效率
	H3-2	提高热网输送效率
	H3-3	推进蓄热技术应用
H4 智能管控	H4-1	提高数字化标识率
	H4-2	建立智能管控平台

H1

安全舒适

H1-1

构建多源供应体系

> 立足本地资源禀赋、经济实力、基础设施等条件及大气污染防治要求，结合科学评估，根据不同区域的自身特点，充分考虑居民消费能力与意愿，采取适宜的清洁供暖策略；在同等条件下选择总体成本最低、污染物排放最少的清洁供暖组合方式，形成多源供给、多能互补的公共供应体系，保障供热安全。

H1-1-1 分析建筑负荷特性

集中供暖的建筑，供暖热负荷的正确计算对供暖设备选择、管道计算以及节能运行都起到关键作用。因此，必须对每个房间进行热负荷计算。

建筑的实际热负荷随季节和使用情况而变化，对建筑负荷特性进行分析，根据供热区域内负荷特征，合理确定热源的配置、制定合理的运行策略是实现供热系统节能运行的前提。

H1-1-2 因地制宜选择热源

1. 热源选择原则

供热能源的选用应因地制宜，能源供给应稳定可靠、经济可行，能源利用应节能环保，并应符合下列要求：

（1）应优先利用各类工业余热、废热资源，充分利用地热能、太阳能、生物质能等清洁和可再生能源；

（2）当具备热电联产条件时，应采用以热电联产为主导的供热方式；

（3）在供热管网覆盖的区域，不得新建分散燃煤锅炉供热；

（4）禁止使用化石能源生产的电能，以直接加热的方式作为供热的主要热源。

2. 可再生能源利用要求

可再生能源的利用，其具体形式的选用，要充分依据当地资源条件和系统末端需求，进行适宜性分析，当技术可行性和经济合理性同时满足时，方可采用。

太阳能、地源热泵系统、空气源热泵系统的应用与项目所在地的资源条件密切相关，应根据资源禀赋、以可再生能源的高效利用为目标，选择经济适用的技术方式和系统形式；需要对实施项目进行负荷分析、系统能效比较，明确其具有技术可行、经济合理的应用前景时，才能确保实现节能环保的运行效果。

H1-1-3 多源联供、多能互补

"双碳"目标下，市政供热行业将面临供热系统的重构，一是供热将从传统燃煤、燃气化石能源结构向

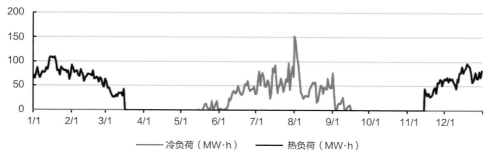

全年逐日建筑负荷计算结果示意图

低碳非化石能源为主能源结构转变，实现能源的低碳转型；二是将从单一能源方式向以低碳能源为主，多种能源和方式互补的方向转变，实现保障能力提升。

因此，可再生能源与常规能源相结合的复合式能源系统是未来发展的趋势，应根据当地资源条件形成多源联供、多能互补的供应体系，保障供热安全，实现供热能源结构的最优化匹配。

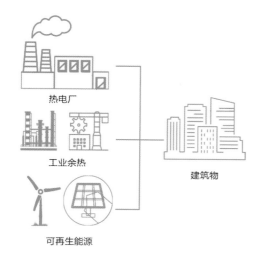

多源联供、多能互补的热能供应体系

H1-2

区域热网互联互通

在多源联供、多能互补的热能供应体系下，区域热网的互联互通直接关系到市政供热系统的安全和稳定，根据各热源的供热能力和各区域的热负荷情况，合理确定热网的连通位置；建立多源联供、多能互补的供应体系的全生命周期模型，优化设计连通管直径。

H1-2-1 合理确定热网连通位置

向用户安全供热是市政供热工程的基本功能，为了保证这一基本功能的实现，必须实现各个热源区域之间热网互联互通。各热源干线间连通后，各个热源可以互为备用，同时加强各个热源区域之间的输送能力，提高市政供热的安全和稳定性，实现集中供热的应急保障。

根据各热源的供热能力和各区域的热负荷情况，合理确定热网的连通位置。

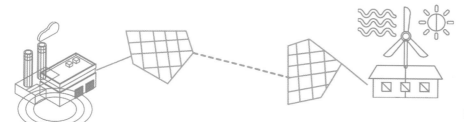

两个区域热网互联互通示意图

H1-2-2 优化设计连通管的直径

确定各个热源区域热网之间的连通位置后，建立多源联供、多能互补的供应体系的全生命周期模型，研究市政供热系统的动态演进变化过程，根据市政供热系统的各种运行工况，优化设计连通管的管径及实施方式。

H1-3

配置监控预警系统

监控预警系统对市政供热工程安全稳定运行、环境保护起着十分重要的作用，在供热系统关键设施及节点，合理布局在线监控设备，对运行的温度（T）、压力（P）、流量（G）等关键参数进行实时监测与分析；建立供热管网监控系统，确保供热管网的安全稳定运行，强化市政供热的安全生产。

H1-3-1 合理布局在线监控设备

供热工程应设置热源厂、供热管网以及运行维护必要设施，监控运行的压力、温度和流量等工艺参数，保证供热系统的安全和供热质量，并应符合下列规定：

（1）应具备运行工艺参数和供热质量监测、报警、连锁和调控功能；

（2）设备与管道应能满足设计压力和温度下的强度、密封性及管道热补偿要求；

（3）应具备在事故工况时，及时切断，且减少影响范围、防止产生水击和冻损的能力。

根据上述要求应在供热系统关键设施及节点，合理布局在线监控设备，对运行过程的温度（T）、压力（P）、流量（G）等关键参数进行实时监测与分析。

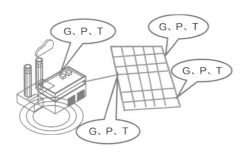

热源及热网关键节点在线监控设备布局示意图

H1-3-2 建立供热管网监控系统

供热管网若漏点不能及时发现易发生影响公共安全的恶性事故。特别是直埋供热管道发生泄漏，漏点位置确认难度大、停热时间长、抢修成本高。为了确保供热管网的安全稳定运行，提高供热管网管理效率，对新建供热管网和更新后的供热管网应全面配置检漏报警系统。

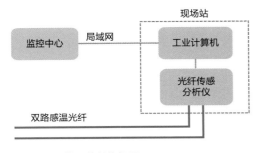

光纤检漏报警系统结构框图

H1-4
建立应急管控机制

在城市供热系统发生事故时，需要迅速、有效地开展现场救援与应对，最大限度减少事故造成的危害与损失，确保冬季供热的全过程安全，需要强化应急响应机制建设，制定完善的应急预案；同时配备专业队伍和应急装备，提高应急供热保障能力，一旦出现故障及事故状况，能够尽快恢复供热。

H1-4-1 强化应急响应机制建设

根据国家相关法律、法规，供热设施要具有预防多种突发事件影响的能力，在得到相关突发事件将影响设施功能信息时，要能够采取应急准备措施，最大限度地避免或减轻损害的影响，采取相关补救、替代措施，并能尽快恢复设施运行。

应急预案主要包括监测和预警、制度流程、人员和物资、处理预案、后续评估等内容，可根据相关法律、法规和文件，结合供热系统的具体情况制定。应急预案应包括以下主要内容。

应急预案主要内容

序号	内容
1	组织机构、人员和职责划分
2	供热故障或事故接警方式
3	通信联络方式
4	应急预案分级
5	设备、物资保障
6	事故上报、启动抢修程序
7	现场处理措施
8	抢修方案
9	预案终止程序、恢复供热程序
10	人员培训和应急救援预案演练计划

供热管理单位可根据本单位的实际情况增加编制应急预案的其他内容。强化应急响应机制建设，制定完善的应急预案。

H1-4-2 提高应急供热保障能力

在城市供热系统发生事故时，需要迅速、有效地开展现场救援，最大限度减少事故造成的损失，应提高应急保障能力，确保供热安全。

1. 配备专业队伍和应急装备

供热设施的运营单位应配备专业的应急抢险队伍和必需的备品备件、抢修机具和应急装备，系统运行期间应无间断值班，并向社会公布值班联系方式。

2. 提高应急供热保障能力

供热期间抢修人员应24h值班备勤，抢修人员接到抢修指令后1h内应到达现场。

较大管径的管道抢修恢复供热应争取在24h以内完成，较小管径在12h内完成。

H1-5

满足用户个性需求

为了满足不同用户的个性采暖需求，提高用户的采暖舒适度，在供暖空调系统末端安装室内温控装置，使得热用户能够根据室温需求，及时调节供热量，实现按需供热；针对公共建筑和居住建筑不同的热负荷特征，设置不同类型的热计量装置，提升用户行为节能水平。

H1-5-1 提高室内温控装置普及率

新建建筑要求"供暖空调系统应设置自动室温调控装置"，既有建筑节能改造时要求"供暖空调系统末端节能改造设计应设置室温调控装置。"

室内温控面板

对散热器和地面辐射供暖系统均要求能够根据室温设定值自动调节。对于散热器和地面辐射供暖系统，主要是设置自力式恒温阀、电热阀、电动通断阀等。散热器恒温控制阀具有感受室内温度变化并根据设定的室内温度对系统流量进行自力式调节的特性，有效利用室内自由热从而达到节省室内供热量的目的。

供暖系统主要室内温控装置

序号	室内温控装置
1	自力式恒温阀
2	电热阀
3	电动通断阀

H1-5-2 提高热计量装置的应用率

新建建筑要求"居住建筑室内供暖系统应根据设备形式和使用条件设置热量调控和分配装置，用于热量结算的热量计量必须采用热量表"，既有建筑节能改造时要求"集中供暖系统节能改造设计应设置热计量装置"。

公共建筑应设置楼栋热计量装置，居住建筑应设置分户热计量装置。用户热计量装置应能够将用户耗热量、供回水温度、室温等数据上传至热力系统智能监控平台。居住建筑分户热计量装置应具备"耗热量计量（热分摊）、平衡调节（按需调节）、远程收费管控、数据信息远传"等功能。

提高热计量装置的应用率，可以推进用户端的行为节能，从用户侧实现能耗的减少。

H2

清洁低碳

H2-1

推进清洁热源供热

> 推进清洁热源供热，首先要积极发展热电联产长输供热，基于吸收式换热的热电联产长输供热实现大温差供热；其次加快工业余热供热，采用梯级取热，提高余热利用率；在有条件的区域，推进燃气供热；积极推动核能供热；全面提高清洁热源在市政供热能源结构中的占比。

H2-1-1 积极发展热电联产长输供热

热电联产通过采用将高品位的热能先发电、然后再供热的方式来实现能量的梯级利用，以提高能量的总体利用效率、降低整体能耗。目前，以燃煤供热机组为代表的大型热电联产系统已成为我国北方大中城市的主要热源。

出于环保、经济等因素的考虑，我国大批火电厂距离城区较远，其供热也因此受到限制。这些电厂余热资源可以经过技术手段高效回收后，再通过长输热网输送至城市。热电联产长输供热可以充分利用电厂余热，替代城区内的燃煤、燃气锅炉房，减少城区内供热系统的碳排放量。

基于吸收式换热的热电联产长输供热系统流程图如下图所示。在热电厂内需增加吸收热泵，同时城区热力站全部改造为吸收式换热站，建筑内供暖设备为散热器。

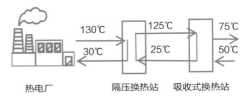

基于吸收式换热的热电联产长输供热流程图

在城区热力站不具备改造条件时，城区热力站内为换热机组，建筑内供暖设备为散热器，则热电联产长输供热系统流程如下图所示。

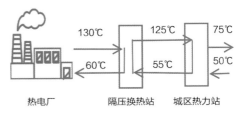

常规热电联产长输供热流程图

H2-1-2 加快工业余热供热

工业余热品位不一，高温的如烟气、蒸汽等，一般有100～200℃，可以与热网水直接换热，也可以用于吸收式热泵提取低温余热。钢铁厂渣水余热、铜厂浓酸冷却余热等一般有70～90℃，可以通过换热将热量传递给热网水。冷却循环水一般不到40℃，可提升品位后用于供暖。

工业余热回收利用的技术途径可分为换热技术（包括接触式和非接触式换热）、电热泵技术和吸收式热泵技术等。

换热技术是通过接触（如表面加热）或非接触式（如喷淋、闪蒸）的方式将热量从工业余热介质中传递至热网水中的技术。接触式换热包括水-水换热（渣水换热器）、酸-水换热（浓酸冷却器）、烟气-水换热（烟气锅炉）等。

电热泵技术专门回收低温余热，若厂区内没有可用的中低压蒸汽，不能用吸收式热泵提取低温余热，就需要用电热泵。热网供回水温差较大的情形，需要多级电热泵串联，从而提高机组整体的能效，降低单位供热量的热泵电耗。

以钢铁厂为例，余热资源均分布在炉壁冷却循环水、冲渣水、连铸机余热。根据梯级换热的思想，理想情况为：炉壁冷却循环水→冲渣水余热→冲渣水闪蒸余热→连铸余热→低压蒸汽加热的取热流程。钢铁厂的热源点很多，在余热利用的过程中需考虑余热集中采集的问题。

钢铁厂理想的梯级取热流程示意图

从余热采集技术的成熟程度来说，冲渣水余热和蒸汽热量回收的技术较成熟，应优先使用，而冲渣闪蒸蒸汽和连铸钢锭余热尚未有成熟的回收技术，还有待研究，炉壁冷却循环水余热的回收与热网的回水温度高低有关，回水温度越低，越容易回收，因此循环水余热回收需要配合热网参数的改变进行规划。

H2-1-3 推进天然气供热

根据《北方地区冬季清洁取暖规划（2017-2021）》要求，有条件城市城区和县城优先发展天然气供热。在北方地区城市城区和县城，加快城镇天然气管网配套建设，制定时间表和路线图，优先发展燃气供热。在城乡接合部，结合限煤区的规划设立，通过城区天然气管网延伸以及LNG、CNG点对点气化装置，安装燃气锅炉房、燃气壁挂炉等，大力推广天然气供热。在农村地区，根据农村经济发展速度和不同地区农民消费承受能力，以"2+26"城市周边为重点，积极推广燃气壁挂炉。

H2-1-4 推动核能供热

核能作为可选择的主要清洁热源之一，开发核能供热对于缓解热源紧缺、优化热源结构有重要意义。有序发展核电供热对于北方清洁供暖、提高能源利用效率有积极作用。核能供热主要有两种方式，一种是利用核电厂的余热供热，另一种是采用低温核反应堆的形式直接供热。

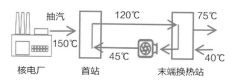

核电热电联产供热系统流程示意图

H2-2

提高低碳热源比例

"双碳"目标下，应大力提高低碳热源比例，在地热资源条件良好、地质条件便于回灌的地区，积极推进中深层地热供暖；在北方生物质资源丰富地区的县城及农村合理发展生物质能供暖；在太阳能资源丰富地区，大力推广太阳能供暖；科学推进风电供暖。

H2-2-1 积极推进中深层地热供暖

中深层地热能供暖，按照"以灌定采、采灌均衡、水热均衡"的原则，根据地热形成机理、地热资源品位和资源量、地下水生态环境条件，实施总量控制，分区分类管理，以集中与分散相结合的方式推进中深层地热能供暖。

中深层地热能供暖具有清洁、环保、利用系数高等特点，主要适于地热资源条件良好、地质条件便于回灌的地区，重点在松辽盆地、渤海湾盆地、河淮盆地、江汉盆地、汾河—渭河盆地、环鄂尔多斯盆地、银川平原等地区，代表地区为京津冀、山西、陕西、山东、黑龙江、河南等。

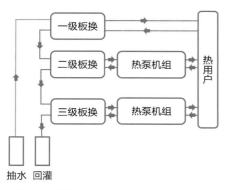

水热型地热梯级利用示意图

1. 水热型地热能直接利用

水热型地热能直接利用应采用梯级利用的方式，经过换热将高品位的地热资源逐级利用。

（1）第一梯次是将开采出的地热水经过换热器提取热能向管网系统供暖。

（2）第二梯次是将经过一级换热后的地热水再次换热，提取能量供地板辐射供暖系统或者热泵机组提温制热。

（3）第三梯次是将由第二梯次系统排出的地热水送进三级板换再次换热，换热后进热泵机组中进行温度提升并用于供暖。

（4）热泵机组排出的地热水由地热井回灌到地下，完成地热水的能量提取。

2. 中深层地埋管地热能供暖

该系统是以中深层岩土体为热源，由中深层地热换热系统提取热量并通过地源热泵机组向建筑供暖的技术。中深层地埋管地热能供暖系统主要包括中深层地热能采集系统、地源热泵系统以及建筑室内供暖系

统，而地热换热器的埋管形式通常采用同轴套管式。

中深层地热能采集系统为闭式循环系统，循环工质沿同轴套管式换热器环状外腔自上向下流动，通过套管外壁与地热井周围的高温岩土体进行换热，吸取周边岩土体热量，在循环工质到达同轴套管式换热器底部后，再从柱状内腔自下向上流动，沿循环回路进入中深层地源热泵机组蒸发器，释放热量，温度降低后进入地热井，如此循环往复。

H2-2-2 合理发展生物质能供暖

生物质能清洁供暖布局灵活，适应性强，适宜就近收集原料、就地加工转换、就近消费、分布式开发利用，可用于北方生物质资源丰富地区的县城及农村取暖，在用户侧直接替代煤炭。

1. 生物质能区域供暖

采用生物质热电联产和大型生物质集中供热锅炉，为$500×10^4m^2$以下的县城、大型工商业和公共设施等供暖。其中，生物质热电联产适合为县级区域供暖，大型生物质集中供热锅炉适合为产业园区提供供热供暖一体化服务。直燃型生物质集中供暖锅炉应使用生物质成型燃料，配置高效除尘设施。

生物质热电联产　　　县级区域建筑群　　生物质能区域供暖示意图

2. 生物质能分散式供暖

采用中小型生物质锅炉等，为居民社区、楼宇、学校等供暖。采用生物天然气及生物质气化技术建设村级生物天然气供应站及小型管网，为农村提供取暖燃气，在农户内采用燃气壁挂炉供暖。

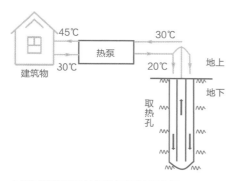

中深层地埋管地热源热泵系统示意图

生物天然气分散供暖示意图

H2-2-3 大力推广太阳能供热

将太阳辐射能转换为热能，替代常规能源向建筑物供热水、供暖/供冷，既可降低常规能源消耗，又可降低相应的二氧化碳排放，是实现我国碳中和目标的重要技术措施。

1. 太阳能宜与其他能源复合供热

在太阳能资源丰富地区，太阳能适合与其他能源结合，实现热水、供暖复合系统的应用。大中型城市有供暖需求的民用建筑优先使用太阳能供暖系统；鼓励在小城镇和农村地区使用户用太阳能供暖系统；在条件适宜的中小城镇、民用及公共建筑上推广太阳能供热系统，采取集中式与分布式结合的方式进行建筑供暖；在集中供暖管网未覆盖、有冷热双供需求的地区试点使用太阳能热水、供暖和制冷三联供系统。

太阳能系统应做到全年综合利用，根据使用地的气候特征、实际需求和适用条件，为建筑物供生活热水、供暖或（及）供冷。

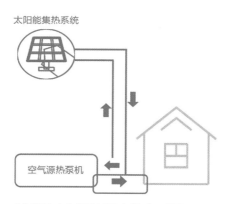

太阳能和空气源热泵复合供暖原理图

2. 太阳能供热系统设计要点

太阳能系统功能与用户负荷、集热器倾角、安装面积和蓄热容积等因素相关，对单供热水系统，应综合考虑当地全年的太阳辐射资源，避免因设计不当而导致夏季过热，产生安全隐患。

对于太阳能供暖系统，在一般情况下，建筑物的供暖负荷远大于热水负荷，应适当降低系统的太阳能保证率，合理匹配供暖和供热水的建筑面积（同一系统供热水的建筑面积大于供暖的建筑面积），提供夏季的制冷空调，以及进行季节性的蓄热等。

太阳能热利用系统的设计，应根据工程所采用的集热器性能参数、气象数据以及设计参数计算太阳能热利用系统的集热效率。

H2-2-4 科学推进风电供暖

根据气温、水源、土壤等条件特性，结合电网架构能力，因地制宜推广使用空气源、水源、地源热泵供暖，发挥电能高品质优势，充分利用低温热源热量，提升电能取暖效率。

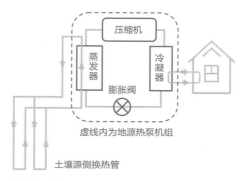

地源热泵供暖运行原理图

可再生能源资源丰富地区，充分利用存量机组发电能力，重点利用低谷时期的富余风电，推广电供暖，鼓励建设具备蓄热功能的电供暖设施，促进风电和光伏发电等可再生能源电力消纳。

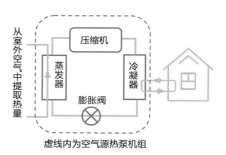

空气源热泵供暖运行原理图

鼓励构建政府、电网企业、发电企业、用户侧共同参与的风电供暖协作机制，通过热力站点蓄热锅炉与风电场联合调度运行实现风电清洁供暖，提高风电供暖项目整体运营效率和经济性。

H3

高效稳定

H3-1

提高热源运行效率

提高热源运行效率，对供热系统的高效运行
至关重要，首先在热源内应选择高效节能设备，
从源头上提升效率；其次对热电联产乏汽余热利
用技术和热源厂内燃煤锅炉和燃气锅炉的烟气余
热回收技术提出要求，高效回收余热，可以较大
幅提高能源的利用效率。

H3-1-1 选择高效节能设备

市政供热锅炉的选择应满足要求："应能有效地燃
烧所采用的燃料，有较高热效率和能适应热负荷变化"。
锅炉额定热效率不应低于现行国家标准《公共建筑节能
设计标准》GB 50189的有关规定。当供热系统的设计
回水温度小于或等于50℃时，宜采用冷凝式燃气锅炉。

锅炉选型应基于长期热效率高的原则确定单台锅
炉容量，不能简单地等容量选型。

H3-1-2 回收利用热源余热

目前热电联产乏汽余热利用技术主要分为两大
类：一类通过直接换热的方式回收乏汽余热，另一类
通过热泵的方式提取乏汽余热。

1. 直接换热方式回收乏汽余热

为了尽可能多地回收乏汽余热，采用多台汽轮机
同时供热，系统配置时应遵循热网水"梯级加热"的
基本原则，尽可能减小各个加热环节的不可逆损失，
降低供热成本。采用高背压供热方式，多台机组改造
为不同排汽压力的高背压机组，减少换热损失，共同
承担供热基本负荷，最后由抽汽直接加热作为调峰。

2. 吸收式热泵提取乏汽余热

吸收式热泵是利用高温热源为驱动热源，把低温
热源的热能提高到中温的热泵系统。利用吸收式热泵
技术回收乏汽余热，没有额外的能源消耗，同时使一
级管网水加热流程更接近于多级抽汽梯级加热的效
果，减少了换热过程中的不可逆损失。

对热源厂的余热回收，主要是烟气余热回收，包
括燃煤锅炉烟气余热回收与燃气锅炉烟气余热回收两
种类型。

3. 燃煤锅炉烟气余热回收技术

主要以湿法脱硫的烟气余热回收与减排一体化技
术为主，以吸收式热泵制取低温冷源作为喷淋塔的循
环冷却水，经过脱硫塔之后的烟气在喷淋塔中进一步
降温之后排出，烟气在喷淋塔中进行了二次洗涤，进
一步脱除SO_2、NO_x等污染物，烟气冷凝水可以作为
脱硫塔的补水。

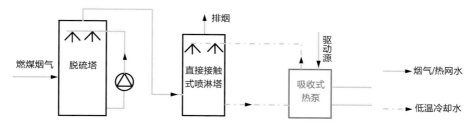

燃煤锅炉烟气余热回收技术流程图

4. 燃气锅炉烟气余热回收技术

采用吸收式热泵深度回收余热技术，利用吸收式
热泵制取低温冷却水，充分回收烟气余热（显热+潜

热），可实现能源利用效率的大幅提高。热泵产生烟气
与锅炉产生的烟气进行掺混之后进入间壁式换热器和
制取的低温冷却水进行换热，从而深度回收烟气余热。

H3-2

提高热网输送效率

城市供热系统的热网作为连接热源侧与用户侧的中间环节，热网的输送效率在供热系统中的地位至关重要，需要通过优化供热系统输配方式、采用防腐减阻措施、推进直埋保温塑料管道在二级热网的应用、优化运行调控策略等措施来提高热网的输送效率。

H3-2-1 合理确定系统输配方式

分布式变频泵技术在集中供热系统中可以降低供热系统的输配能耗。主要根据热负荷变化对供热管网流量进行连续调节，具有较好的灵活性和节能优势，变流量调节能够解决当前供热管网质调节过程中的输配延迟所引起的调节滞后问题，也有利于改善现阶段供热系统"大流量、小温差"的运行状态。当供热区域内各分区热负荷增长不同步、热负荷的特性差异比较大时，应采用分布式变频泵技术。

H3-2-2 管道内减阻涂层技术应用

管道内壁采用防腐减阻涂层，既可以防止管内壁腐蚀，同时还可以降低管道内壁粗糙度、降低管道的摩擦阻力，减少长输供热管网的输配能耗。

《长输供热热水管网技术标准》T/CDHA 504 规定，长输供热管网宜对管道内壁采取减阻措施，减小管道内壁当量粗糙度，并应采用经过测定的当量粗糙度值进行水力计算。

H3-2-3 推进直埋保温塑料管道的应用

直埋保温塑料供热管道适用于设计压力不大于1.0MPa，设计温度不大于75℃的热水供热管道，公称管径小于或等于DN450。

供热系统应用直埋保温塑料管道有如下优点：无腐蚀锈蚀、不污染水质，有利于实施分户计量、施工简便、不结垢、不堵塞。

预制保温塑料管的工作管可选用Ⅱ型耐热聚乙烯（PE-RT Ⅱ）、聚丁烯（PB）管材。

预制保温塑料管的保温层应采用硬质聚氨酯泡沫塑料。

预制保温直埋塑料管道工程选用的管件应与管材相匹配，并应符合现行国家标准相关规定。

H3-2-4 优化运行调控策略

建筑的实际热负荷随季节和使用情况而变化，制定合理的动态运行策略是实现建筑节能运行的前提。

对供热系统，应根据实际热负荷变化制定调节供热量的运行方案及操作规程。对可再生能源与常规能源结合的复合式能源系统，应根据实际运行状况制定实现全年可再生能源优先利用的运行方案及操作规程。优先使用可再生能源系统，根据实际负荷情况，以及太阳能、地热能等资源参数变化情况，优化运行方案并落实在操作规程中，实现全年可再生能源优先利用。

H3-3

推进蓄热技术应用

根据热电需求矛盾和热能生产、供给、需求之间的时空变化规律的不同，结合谷电蓄冷蓄热、跨季节、热回收等能源储存回收利用模式，根据建筑物的负荷特征合理确定蓄热方式；结合热源的供热能力，优化蓄热利用方案，提高供热系统的经济性，实现能源的高效利用。

H3-3-1 合理确定蓄热方式

蓄热系统能够对电网起到"削峰填谷"的作用，对于电力系统来说，具有较好的节能效果。在符合以下条件之一，且经综合技术经济比较合理时，宜采用蓄热系统。

（1）执行分时电价、峰谷电价差较大的地区，或有其他用电鼓励政策时；

（2）空调热负荷峰值的发生时刻与电力峰值的发生时刻接近，且电网低谷时段的热负荷较小时；

（3）建筑物的热负荷具有显著的不均匀性，或逐时空调热负荷的峰谷差悬殊，按照峰值负荷设计装机容量的设备经常处于部分负荷下运行，利用闲置设备进行制冷或供热能够取得较好的经济效益。

不同蓄热方式的蓄热特性相差很大，目前常用的蓄热方式有：固体电蓄热、水蓄热、相变蓄热。根据建筑物的热负荷特征和峰谷时段合理确定蓄热方式。

H3-3-2 优化蓄热利用方案

在热电联产供热系统中，蓄热技术的应用，可加大供热系统的调峰能力，保持电厂供热机组恒定负荷运行。在用户热负荷较低时，蓄能罐将多余的供热量储存在罐体内；当室外气温降低，热负荷增加，而供热机组的供热能力不能满足用户热负荷的需求时蓄能罐将放热，将储存在罐体内的热量与供热机组的恒定供热量共同供给用户，以满足高峰热负荷的需要。

蓄能罐在集中供热系统中的应用，可以起到削峰填谷的作用，平稳热源负荷，使机组保持在较高的效率下运行，提高经济性；可以满足供热系统高峰负荷，减少装机容量，替代部分调峰热源；降低因负荷变化所需的大幅度调节，提高经济性；其次，蓄能罐可作为大型应急补水罐，热网出现大的泄漏时，可提供紧急补水，提高供热管网安全性。

应根据建筑物的热负荷特性和热源的供热能力，优化蓄热利用方案，实现整个采暖季的高效运行。

H4
智能管控

H4-1
提高数字化标识率

> 提高市政供热系统的数字化标识率，对供热系统关键配套设施（包括供热系统的热源、热力站、供热管网、检查井室等热力设施）配置存储信息的数字化标识；基于地理信息系统构建供热地理信息系统，可查询供热设施的空间定位及特定属性，对市政供热设施实现智能化管理。

H4-1-1 确定供热系统数字标识范围

供热系统关键配套设施应配置存储信息的数字化标识，并动态更新标识内容。

供热系统的热源、热力站内设施应全部进行数字化标识。供热管网大部分为直埋敷设，供热管网中阀门、补偿器、弯头、三通、检查井室也应全部进行数字化标识。另外供热管网中的关键节点的焊口也应进行数字化标识。

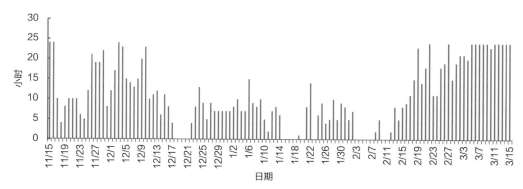

整个供暖季内计算逐日蓄热小时数（示例）

市政供热系统数字标识范围

项	内容
热源	设备、管道及其他设施
管网	阀门、补偿器、弯头、三通、检查井室、关键节点焊口
热力站	设备、管道及其他设施

H4-1-2 实现供热设施智能化管理

基于地理信息系统，建立供热地理信息系统，应包含两类数据源。一类为基础数据库，包括城市基础地形图和用于反映地形、标高、交通、水系等信息的属性数据；另一类是与供热系统相关的专题数据库，包括供热系统的热源、热力站、供热管网、检查井室等热力设施的空间数据及相关专业技术信息、运行维护记录等数据。

供热地理信息系统可实现供热设施的空间定位及特定属性查询（如管道构造、敷设深度、建设年代、维修记录等），对供热设施实现智能化管理。

H4-2

建立智能管控平台

建立市政供热系统智能管控平台，首先搭建运行监控系统，实现对供热系统的安全运行监控；其次建立智能调度系统，在多源供给、多能互补的供热系统中，实现"源-网-荷"的智能调度；建设包含客户服务管理和收费管理的运营管理平台；提升精准供热能力、运行效能和管理水平。

H4-2-1 搭建运行监控系统

供热工程应设置满足国家信息安全要求的自动化控制和信息管理系统，提高运行管理水平。

搭建供热系统运行监控系统，便于供热运营企业的日常制度规范和安全监控，也能够对供热系统实现科学严谨、高效规范的管理。

运行监控系统应具备对热源、管网、热力站、用热端等供热系统的实时工况数据远程传输，供热系统实现自动化监测、远程控制，热力站实现无人值守。

基于供热地理信息系统、物联网、大数据和人工智能技术，能够分析供热管网内的流量、温度、压力等变化情况，实现整个供热系统的运行监控与分析判断。

H4-2-2 建立智能调度系统

在多源供给、多能互补的供应体系中，热源侧可再生能源（如太阳能）兼具周期性和随机多时间、多尺度波动特性，因此智能调度系统要基于建筑热负荷和热源侧供应能力的变化，实时进行供热系统的智能调度。

H4-2-3 建设运营管理平台

运营管理平台，包括客户服务管理和收费管理两部分。建立一体化、多维度、多渠道的客户服务管理平台统一的服务标准、规范的服务流程、完善的考核体系，供热服务直观展现、供热质量图形分析、供热舆情及时提醒等，实现全方位响应用户诉求的接单、派单、督办、回访等全过程，实现快速处置。

客户服务管理平台主要包括呼叫中心系统、客服系统、移动端、微信端四大部分。

收费管理主要包括：热用户基础数据维护、应收管理、票据管理、收费管理、热计量管理、预付费管理、欠费管理、缴费渠道涵盖收费大厅、银行代缴、自助缴费机、移动POS机、门户网站、公众APP应用、支付宝、微信等，辅助以税控接口、智能卡、锁闭阀等手段。

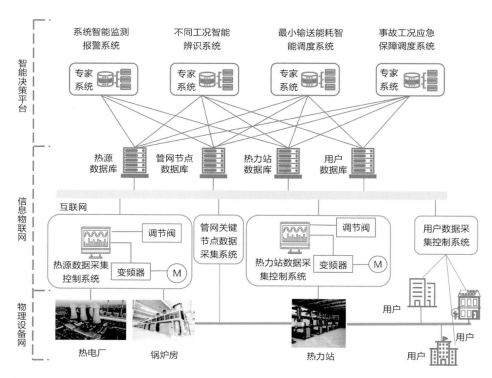

智能供热系统架构图

P1-P4

供电系统

POWER

	P1-1	生物质能绿色发电
P1 绿色能源	P1-2	太阳光伏绿色发电
	P1-3	自然风力清洁发电
P2 节能降耗	P2-1	变配电的绿色配置
	P2-2	终端照明绿色节能
	P2-3	节能产品高效应用
	P2-4	重点领域电能替代
P3 灵活可靠	P3-1	电源侧调节强提升
	P3-2	新型储能技术应用
P4 智能高效	P4-1	充电基础设施建设
	P4-2	电力系统智能管理

P1

绿色能源

P1-1

生物质能绿色发电

> 当前应用较多的生物质发电包括农林废弃物发电和垃圾焚烧发电，生物质发电在市政基础设施中作为绿色电源有较广泛的应用；采用层状燃烧、流化床燃烧和旋转燃烧等先进燃烧技术，可提高燃烧与发电效率；此外，有机物厌氧发酵沼气发电和生物质气化发电也是重要的生物质发电技术。

P1-1-1 层状燃烧发电

生物质在炉排上通过预热干燥区、主燃烧区和燃尽区完成燃烧过程。生物质在炉排上着火，热量不仅来自上方的辐射和烟气的对流，还来自生物质层的内部。在炉排上已着火的生物质在炉排的特殊作用下，生物质层出现强烈的翻动和搅动，并不断地推动下落，引起生物质底部也开始着火，连续的翻转和搅动，使生物质层发生松动，透气性增强，助力生物质的着火和燃烧。

炉拱形状设计要考虑烟气流场有利于热烟气对新入生物质的热辐射预热干燥和燃尽区生物质的燃尽。配风设计要确保空气在炉排上生物质层分布最佳，并合理使用一次及二次风。

P1-1-2 流化床燃烧发电

能保证入炉生物质的充分流化，要求生物质进行筛选、粉碎等一系列的预处理，使其尺寸、状况均一化，一般破碎到≤15 cm，然后送入流化床内燃烧，

床层物料为石英砂，布风板通常设计成倒锥体结构，风帽为L形。床内燃烧温度控制在800～900℃，冷态气流断面流速为2m/s，热态为3～4m/s。一次风经由风帽，由布风板送入流化层，二次风则由流化层上部送入。

采用燃油预热料层，当料层温度达到600℃左右时投入生物质（垃圾）进行焚烧。

P1-1-3 旋转燃烧发电

通过燃烧炉本体滚筒缓慢转动，利用内壁耐高温抄板，将生物质由筒体下部在筒体滚动时带到筒体上部，然后靠生物质自重落下。由于生物质在筒内翻滚，可与空气得到充分接触，进行较完全的燃烧。生物质由滚筒一端送入，热烟气对其进行干燥，在达到着火温度后燃烧，随着筒体滚动，垃圾得到翻滚并下滑，一直到筒体的出口排出灰渣。当生物质含水量过大时，可在筒体尾部增加一级炉排，用来满足燃尽，滚筒中排出的烟气，通过垂直的燃尽室（二次燃烧室）。燃尽室内送入二次风，烟气中的可燃成分在此得到充分燃烧。二次燃烧室温度为1000～1200℃。

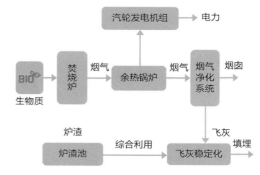

生物质燃烧发电流程

P1-1-4 厌氧发酵沼气发电

沼气发电系统主要由厌氧消化池、气水分离器、脱硫化氢及二氧化碳塔（脱硫塔）、储气柜、稳压箱、发电机组（即沼气发动机和沼气发电机）、废热回收装置、控制输配电系统等部分构成。厌氧消化池产生的沼气，经气水分离器、脱硫化氢及二氧化碳的塔（脱硫塔）净化后，进入储气柜，再经稳压箱进

入沼气发动机驱动沼气发电机发电。发电机所排出的废水和冷却水所携带的废热经热交换器回收，作为厌氧消化池料液加温的热源或其他热源再加以利用。发电机所产生的电流经控制输配电系统送往终端用户。

P1-1-5 生物质气化发电

通过生物质的气化处理，把固体生物质转化为气体燃料；再经过净化系统，把灰分、焦炭和焦油等杂质除去，对气体进行净化，以保证燃气发电设备的正常运行；随后利用燃气轮机或燃气内燃机进行发电。气化发电可分为内燃机发电系统，燃气轮机发电系统，以及燃气-蒸汽联合循环发电系统。

（1）内燃机发电系统以简单的燃气内燃机组为主，可单独燃用低热值燃气，也可燃气、燃油两用，设备紧凑、系统简单、技术较成熟可靠。

（2）燃气轮机发电系统采用低热值燃气轮机，燃气需增压，否则发电效率较低；由于燃气轮机对燃气质量要求高，并且需有较高的自动化控制水平和燃气轮机改造技术，所以单独采用燃气轮机的生物质气化发电系统不多。

（3）燃气-蒸汽联合循环发电系统是在内燃机、燃气轮机发电的基础上增加余热蒸汽的联合循环，此类系统可以有效地提高发电效率。一般来说，燃气-蒸汽联合循环的生物质气化发电系统采用的是燃气轮机发电设备，而且最好的气化方式是高压气化，构成的系统称为生物质整体气化联合循环（B/IGCC）。

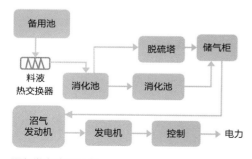

沼气发电流程示意

P1-2
太阳光伏绿色发电

太阳能作为取之不尽且分布最广泛的能源，具有清洁、不产生温室气体和有害气体、不占用市政建设用地等优点；在未来8~10年后，光伏发电将是绿色市政基础设施的重要供电电源；通过建设附加建筑光伏系统和建筑一体化光伏系统，提高太阳能的利用率，相应提升绿色化水平。

P1-2-1 附加建筑光伏系统

主要应用场景为已有市政基础设施和建筑，如在已完工或投入运行的污水处理厂、垃圾处理厂、城市道路等市政设施上，加装光伏发电系统。具有安装灵活方便、工期短、安装费用较低、运行维护便捷、即使项目已投入使用也可安装等优点；不足之处是可能增加建筑物的负载、影响建筑的外观效果。

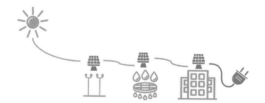

建筑附加光伏发电系统示意

P1-2-2 建筑一体化光伏系统

主要应用场景为新建市政基础设施，如大型交通枢纽、污水处理厂、城市道路等项目。太阳能光伏发电系统在项目建设过程中，同步设计、同步施工，太阳能光伏板作为建筑物或设施的一部分，既具备发电功能，又具有建筑构件和建筑材料的功能。

建筑光伏系统各并网点电压等级宜根据装机容量按下表选取，最终并网电压等级应根据项目所在区域电网条件，通过技术经济比选论证确定，当高、低压两级电压均具备接入条件时，宜采用低电压等级接入。

光伏系统并网电压等级

序号	容量	电压等级
1	$S \leqslant 8$ kW	220 V/单相
2	8 kW$< S \leqslant 500$ kW	380 V/三相
3	500 kW$< S \leqslant 6000$ kW	10 kV/三相
4	$S >6000$ kW	35 kV及以上/三相

P1-3

自然风力清洁发电

> 利用太阳能电池方阵、风力发电机将发出的电能存储到蓄电池组中，当用户需要用电时，逆变器将蓄电池组中储存的直流电转变为交流电，通过输电线路送到用户负载处，实现风光互补发电；对于低风速风力发电，通过加大风轮直径，优化叶片的气动外形，可提高机组的效率及寿命。

P1-3-1 低风速风力发电

针对风速在6m/s到8m/s之间，年利用小时数在2000h以下的风电开发项目，需对发电机组的控制策略进行系列优化，通过加大风轮直径，优化叶片的气动外形，提高机组的效率及寿命；降低额定转速，在保持机组功率等级不变的条件下，可大幅提高发电机组性能，并突破2 MW以上低风速大风轮直径型风力发电机组优化设计，实现低风速资源的风力发电。

P1-3-2 风光互补发电技术

利用太阳能电池方阵、风力发电机（将交流电转化为直流电）将发出的电能存储到蓄电池组中，当用户需要用电时，逆变器将蓄电池组中储存的直流电转变为交流电，通过输电线路送到用户负载处。风力发电机和太阳电池方阵两种发电设备共同发电，主要设施包括风力发电机组、太阳能光伏电池组、控制器、蓄电池、逆变器、交流直流负载等部分，该系统是集风能、太阳能及蓄电池等多种能源发电技术及系统智能控制技术为一体的复合可再生能源发电系统。

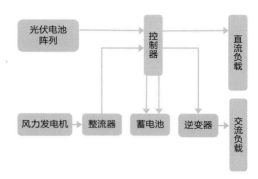

风光互补发电系统示意图

P2

节能降耗

P2-1

变配电的绿色配置

> 绿色市政基础设施中的变配电系统，应本着安全可靠、节约用地、环境友好的基本原则，为绿色市政基础设施的供配电系统建设提供技术参考；在变配电室选址、主接线及配电系统、无功补偿、谐波治理、变压器容量配置、配电线路配置和低压配电线路设计上均考虑节能减碳。

P2-1-1 变配电室选址

绿色市政基础设施中变配电室的设置必须满足以下要求：

（1）接近负荷中心，最大限度减小供电半径。有条件的厂房和车间，变电所应设置在厂房和车间内，没有条件的厂房和车间，变电所应邻近厂房和车间的负荷侧。在满足接近负荷中心的同时，宜接近电源侧，减小上级供电电源线路长度。

（2）不宜设在对防电磁干扰有较高要求的设备机房的正上方、正下方，或与其贴邻的场所，需要设在上述场所时应采取防电磁干扰措施。

P2-1-2 主接线及配电系统

（1）对于较大容量的季节性负荷及阶段性使用的工艺负荷，应为其单独设置变压器，负荷卸载时，该变压器可退出使用。

（2）负荷分配：对于单相负荷接入尽量做到三相平衡，三相不平衡度宜小于15%；对于多台变压器的变电站，间歇性负荷宜均匀接入各变压器，保持整体的稳定运行。

（3）除对铜有腐蚀的场所外，均应选用铜导体，减少线路耗能；并合理选择导体截面。

10 kV及以下电力电缆截面，用于电流较大且长期稳定的供电回路电缆，宜采用电力电缆经济电流截面选用方法。

P2-1-3 无功补偿

为了提高配电系统的功率因数，降低损耗，供配电系统应采用无功功率补偿装置，补偿装置应满足以下要求：

（1）采用并联电力电容器装置作为无功补偿装置时，应采用就地平衡补偿，避免出现无功功率倒送现象。

（2）低压并联电容器一般多采用集中补偿，安装方便、运行可靠。合理选择低压并联电容器的容量及组数，避免出现补偿不足及过补偿。

（3）并联电力电容器容量应按照无功负荷变化规律及可能出现的最小无功功率来确定补偿的"步长"值，条件允许的情况下，宜配置补偿部分无功容量的SVG（静止无功发生器）装置。

P2-1-4 谐波治理

市政基础设施中，应用的变频器、软启动器、UPS、照明等设备会产生大量谐波电流，增加电能损耗，更影响公共电网的质量和环境，需要采用谐波治理措施，并满足以下要求：

（1）选用整流装置脉冲数高的变频器，变频器线路端均需加装交流串联电抗器。

（2）采用有源滤波装置，根据谐波源不同，可采用集中治理，例如设置在变电所内；局部治理，例如设置在配电间或电控间；分散治理，例如就地设置电控柜。

（3）当系统谐波频谱特征明显，且运行稳定，谐波集中连续三种以下，同时考虑经济性，宜采用无源滤波器，就地设置。

P2-1-5 变压器容量配置

（1）应科学准确地进行用电设备负荷计算，合理选择变压器容量，使变压器工作在经济运行区间内，并符合《电力变压器经济运行》GB/T13462—2008中第5条的要求。

（2）10kV配电变压器绕组联结组别宜选用D，yn-11，限制3n次谐波电流向系统传输。

（3）根据负荷性质及负荷容量合理配置变压器数量及安装容量。季节性负荷应优先考虑单独设置变压器，使其具有退出机制，减少空载损耗。负荷容量大而选择多台变压器时，尽可能减少变压器台数，选择容量相对较大的。对蓄热等用电设备采用错峰低谷时段运行措施，提高电力供应整体效率与效益，节约能源，降低用电成本。

（4）设计中应综合考虑变压器的负载率、建设者的投资支撑等因素去选择相应能耗等级的变压器，尽量优选高效、低能耗、低噪声、短路阻抗小的变压器。

P2-1-6 变压器高效运行

给一级、二级负荷供电的两台变压器应采用同时运行、互为备用的运行方式；多台变压器同时运行时，可采用公共备用变压器的备用方式。配电变压器的长期工作负载率不宜大于85%，经济运行负载率控制在60%～70%。当有一级和二级负荷时，宜装设两台及以上变压器，当一台变压器停运时，其余变压器容量应满足一级和二级负荷供电要求。

P2-1-7 配电线路配置

（1）降压变压器宜尽量靠近负荷中心，以缩短低一级电压的线路距离，减少线路损耗。

（2）除了需要减轻导体重量及外界影响外，经济合理条件下优先采用电导率高的铜导体。

P2-1-8 低压配电线路设计

为了保证市政工程低压配电线路的设计质量，在进行设计的过程中需要对低压配电线路的路线进行实地的勘察工作。在线路设计的过程中，首先要确定线路的起点和终点位置，并进行合理的进位工作，根据实际要求对当地环境进行分析，针对性的布局可保障低压配电线路符合要求。其次在进行低压配电线路设计过程中，要根据实际的需求，对整个线路路线进行合理的设计，合理设计电缆构筑物，保障低压线路的正常运行。

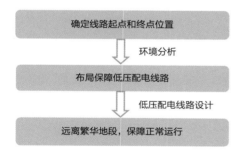

低压配电线路设计

P2-2

终端照明绿色节能

鼓励采用专业技术仿真软件进行照明设计，需要进行不同方案比较，不同光源的选择比较、灯具型式及安装方式的比较、照明控制方法的比较，以及技术经济综合分析比较，从中选择技术先进、经济合理又节约能源的最佳方案，推广应用光导照明、太阳能LED照明等绿色照明技术。

P2-2-1 光源选择

（1）建筑物内宜选择发光高效、寿命长的光源，优先选用LED光源，也可选用荧光灯和金属卤化物灯。不应采用白炽灯光源。

长期工作或停留的工业建筑场所，照明光源的显色指数（R_a）不应小于80。在灯具安装高度大于8m的工业建筑场所，R_a可低于80，但必须能够辨别安全色。

工业建筑场所色温要求

色温（K）	色表特征	适用场所
3300～5300	中间	机加工车间 仪表装备、控制室 检验室、实验室
>5300	冷	热加工车间 高照度场所

当选用LED灯光源时，长期工作或停留的工业建筑场所，色温不宜高于4000K，特殊显色指数R_9应大于零。

LED线性灯具的发光效能		
额定相关色温（K）	2700/3000	3500/4000
灯具效能（lm/W）	85	90

（2）道路照明宜选用高压钠灯、LED光源或陶瓷金卤灯，不应采用高压汞灯和白炽灯。快速路和主干路宜采用高压钠灯，也可选择LED灯；次干路和支路可选择高压钠灯或LED灯；居住区机动车和行人混合交通道路宜采用LED灯。当采用LED灯光源时，R_a不宜小于60；光源的相关色温不宜高于5000K，并宜优先选择中或低色温光源。

（3）气体放电灯适配的镇流器应选择高效整流器并符合下列规定：荧光灯应配用电子镇流器或节能电感镇流器；对频闪效应有限制的场合，应采用高频电子镇流器；镇流器的谐波、电磁兼容应符合现行国家标准《电磁兼容 限值 谐波电流发射限值（设备每相输入电流≤16A）》GB 17625.1和《电气照明和类似设备的无线电骚扰特性的限值和测量方法》GB/T 17743的规定。

（4）高压钠灯、金属卤化物灯应配用节能电感镇流器；在电压偏差较大的场所，宜配用恒功率镇流器；功率较小者可配用电子镇流器。

（5）气体放电灯应在灯具内设置补偿电容器，或在配电箱内采取集中补偿，补偿后系统的功率因数不应小于0.9。

P2-2-2 灯具效率选择

在满足眩光限制和配光要求条件下，同时考虑灯具的安装高度、安装场景、安装方式的影响，尽量选用效率或效能高的灯具，从而提高单位功率的亮度，达到节约电能的目的。

（1）建筑物内各LED灯具的发光效能应满足如下表格；建筑物内其他光源灯具的发光效能详见《建筑照明设计标准》GB 50034-2013的具体内容。

LED筒灯的发光效能

额定相关色温（K）	2700		3000		3500/4000	
灯具出口光形式	格栅	保护罩	格栅	保护罩	格栅	保护罩
灯具效能（lm/W）	60	65	65	70	70	75

LED平面灯具的发光效能

额定相关色温（K）	2700		3000		3500/4000	
出口光形式	反射式	直射式	反射式	直射式	反射式	直射式
灯具效能（lm/W）	60	65	65	70	70	75

（2）城市道路LED灯具效能应满足如下表：

道路照明LED灯具的发光效能

额定相关色温（K）	2700/3000	3500/4000	5000
灯具效能（lm/W）	90	95	100

同时灯具的初始光通量不应低于额定光通量的90%，避免出现实际照度不满足要求的情况，且不应高于光通量的120%，超过要求照度值过多，造成电能源的浪费。

选择灯具时，在满足灯具国家现行相关标准以及光强分布和眩光限制要求的前提下，采用传统光源的常规道路照明灯具效率不得低于70%；泛光灯效率不得低于65%。

P2-2-3 照明标准及功率密度限值

（1）市政基础设施建筑物一般照明标准值及功率密度值（LPD）应符合《建筑节能与可再生利用通用规范》GB 55015—2021中表3.3.7-11及表3.3.7-12的要求，从而节约照明电能消耗。

（2）市政道路照明标准值应参考《城市道路照明设计标准》CJJ 45—2015相关章节执行。

（3）市政工程中民用性质的建筑物及室外公共区域的照明标准值及照明功率密度值（LPD）应符合《建筑节能与可再生利用通用规范》GB 55015—2021中第3.3.7条的要求。

满足上述条目要求的同时，市政基础设施建筑物、市政道路、市政中民用建筑物及室外公共区域的照明质量，如色温、显色性、眩光限制等应满足相应行业规范的要求。

P2-2-4 照明控制

（1）建筑物内走廊、楼梯间、门厅等场所的照明，宜按建筑使用条件和天然采光状况采取分区、分组控制措施；当生产场所装设两列或多列灯具时，宜按车间、工段或工序分组控制；有可能分隔的场所，按每个有可能分隔的场所分组控制；所控灯列可与侧窗平行；除设单个灯具的房间外，每个房间照明控制开关不宜少于2个。

（2）建筑物内的生产、操作区域可采用分区、定时开启等节能控制措施；楼梯间可根据使用需求，采用感应型灯具，人来亮，人走灭；巡检走道、维护通道等有人定时巡检的场所夜间可采用调光方式降低照度；有自然采光区域的照明控制应独立于其他区域的照明控制。

（3）大型工业建筑物内或含有高大空间的厂房、车间内宜采用智能照明控制系统，并具备多种控制方式，可设置不同场景的控制模式。

（4）厂区道路照明宜采用分区集中控制，采用光控和时间控制相结合控制方式，根据所在地区地理位置和季节变化合理确定开关灯时间。

（5）城市道路照明需要满足以下要求：

①应根据所在地区的地理位置和季节变化合理确定道路照明的开关灯时间，宜采用根据天空亮度变化进行修正的光控与时控相结合的控制方式。

②宜根据照明系统的实际情况、城市不同区域的气象变化、道路交通流量变化、照明设计和管理的需求，选择片区控制、回路控制或单灯控制方式。

③宜根据所在道路的照明等级、夜间路面实时照明水平，以及不同时间段交通流量、车速、环境亮度变化等因素，确定相应时段需达到的照明水平，通过智能控制方式调节路面照度或亮度。

④采用双光源灯具照明的道路，可通过在深夜关闭一只光源的方法降低路面照明水平。中小城市中的道路可采用关闭不超过半数灯具的方法来降低路面照明水平，且不应同时关闭沿道路纵向相邻的两盏灯具。

P2-2-5 光导照明

（1）市政基础设施建筑设计应充分利用自然采光。在项目经济性允许的条件下，大跨度或大进深的厂房，尤其是半地下厂房、全地下厂房等进行采光设计时，宜采用顶部导光管或天窗等采光装置，将天然

光引入室内进行照明，提高照度，节约电能。

（2）导光管采光系统的反射材料的反射率不宜低于0.95；采光系统安装长度不宜超过管径的20倍，传输效率不宜低于0.75；高度较高或照度要求较高的房间，宜采用大管径的导光管；高度较低或照度要求较低的房间，宜采用中小管径导光管；采光系统应具有防盗、防水、防撞击、抗老化和隔热、隔绝紫外线的功能。

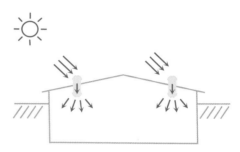

光导照明示意

P2-2-6 太阳能LED照明

（1）太阳能LED照明应用于道路照明，包括路灯、道路信号、庭院灯、草坪灯等。

（2）应考虑道路和设置区域的环境条件、太阳能辐射条件、规范要求照度标准值等因素，科学、合理地确定太阳能电池板的面积和安装倾角，以及蓄电池的容量，在保证照明灯负载可靠性的前提下，使用最少的太阳能电池组件和蓄电池容量，达到兼具可靠性与经济性的效果。

（3）太阳能LED照明灯应安装智能控制装置。该装置具有控制蓄电池的充放电、防止过充及深度放电、短路保护、过载保护、自动关断、自动恢复等功能。城市临时性道路、乡村道路及城市绿地照明可优先考虑采用太阳能路灯照明。

太阳能LED照明

P2-3

节能产品高效应用

作为绿色市政基础设施，在建设的各个环节均应杜绝使用国家明令淘汰的产品，并充分考虑使用节能高效产品。节能产品多种多样，从供配电系统角度考虑，主要包括变压器、电动机、变频器等；通过在市政基础设施中使用节能产品，减少能耗，提高绿色水平。

P2-3-1 变压器节能应用

在绿色市政基础设施建设中，对于节能变压器的选用建议如下：

（1）变压器的能效等级应满足现行标准中的相关规定。

（2）在绿色市政基础设施建设时，宜选择符合1级、2级能效标准的电力变压器。

（3）干式变压器中电工钢带变压器和非晶合金变压器应用最为普遍。其中非晶合金变压器节能性高，空载损耗低，随着非晶合金材料产能的扩大和应用的普及，非晶合金干式变压器的价格不断下降，相同容量的非晶合金变压器与电工钢带变压器之间的价格相差不到20%。在投资允许的情况下，建议优先选用损耗更小的非晶合金变压器，投资方可通过后期运行用电成本的节约，快速收回初期购买变压器增加的投资。

P2-3-2 电动机节能配置

电动机节能可通过以下两种方式实现：一是使用高能效的电动机，二是使用变频器控制和启动电动机。

各等级电动机在额定输出功率下的实测效率应不低于标准中3级的规定。在新建绿色市政基础设施建设过程中，应选择能效等级1级或2级的电动机。

针对市政基础设施建设中应用最为广泛的交流三相异步电动机，首先选用高效电动机，其次在建设工程中尽可能多地应用变频器来控制和启动交流电动机。变频器节能主要表现在风机、水泵的应用上，风机、泵类负载采用变频调速后，节电率为20%~60%。

在市政基础设施建设过程中，针对有调速需求的电动机，可尽量采用变频器调速控制，减少采用挡板和阀门进行流量调节。

P2-4

重点领域电能替代

优先使用可再生能源电力满足市政基础设施电力替代的用电需求，推进工业、交通、建筑等不同领域的电气化，拓宽电能替代领域，扩大电气化终端用能设备使用比例，提升电能占终端能源消费比重；并扩大自发自用的新能源开发规模，提高终端用能中绿色电力的比重。

P2-4-1 工业领域电气化

在钢铁、建材、有色、石油化工等重点行业，及其他行业铸造、加热、烘干、蒸汽供应等环节，加快淘汰不达标的燃煤锅炉和以煤、石油焦、渣油、重油等为燃料的工业窑炉，采用电钢炉、电锅炉、电容炉、电加热等技术，开展高温热泵、大功率电热储能锅炉等电能替代，扩大电气化终端用能设备使用比例。

建设工业绿色微电网，在企业和园区运行厂房光伏、分布式风电、多元储能、热泵、余热余压利用、智慧能源管控等一体化系统，实现多能高效互补利用；以电动皮带廊替代燃油车辆运输，减少物料转运环节中污染物和二氧化碳的排放。

工业绿色微电网

P2-4-2 交通领域电气化

推进城市公共交通工具电气化，在城市公交、出租、环卫、邮政、物流配送等领域，优先使用新能源汽车；大气污染防治重点区域港口、机场新增和更换车辆设备，优先使用新能源车辆；推广家用电动汽车，加快电动汽车充电桩等基础设施建设；推进厂矿企业等单位内部作业车辆、机械的电气化更新改造。

P2-4-3 建筑领域电气化

在现有集中供热管网难以覆盖的区域，采用电驱动热泵、蓄热式电锅炉、分散式电暖器等电采暖，推进炊事等居民生活领域"煤改电"；在市政供热管网末端采用电补热；在有条件的地区采用冷热联供技术，采用电气化方式取暖和制冷；对机关、学校、医院等公共机构建筑和办公楼、酒店、商业综合体等大型公共建筑进行减碳提效，实施电气化改造；利用自有屋顶、场地等资源条件，扩大自发自用的新能源开发规模，提高终端用能中的绿色电力比重。

P3

灵活可靠

P3-1

电源侧调节强提升

在有条件的地区，建设抽水蓄能电站，实现调峰、填谷、储能等多种功能，增强系统的灵活性；在气源有保障、调峰需求突出的地区，发展燃气机组进行启停调峰，提升常态电源应急备用余量；因地制宜地发展用户侧分布式电源，提升电源侧的调节能力。

P3-1-1 抽水蓄能电站建设

在有条件的地区，建设抽水蓄能电站，实现调峰、填谷、调频、调相、储能、事故备用和黑启动等多种功能。通过抽水蓄能电站调度运行管理，实现抽水蓄能电站提供备用、增强系统灵活性的作用。在环境可行、工程安全的前提下，利用梯级水库电站建设混合式抽水蓄能电站，结合矿坑治理建设抽水蓄能电站等形式，因地制宜建设中小型抽水蓄能电站。

抽水蓄能电站

P3-1-2 燃气调峰电站建设

发挥气、电过渡支撑作用，协同推进电力和天然气改革，增加气电发电量，因地制宜推广天然气分布式能源，依托LNG接收站、天然气干线等选址建设高效燃机项目。在气源有保障、调峰需求突出的地区，发展燃气机组进行启停调峰，提升常态电源应急备用余量。采用天然气削峰技术，对高峰负荷期的用电情况进行调整。

P3-1-3 分布式电源建设

建设用户侧分布式电源，按照"自发自用、余量上网、电网调节"的运营模式，鼓励企业、机构、社区和家庭根据自身条件，投资建设屋顶式太阳能、风能等各类分布式电源。在有条件的产业聚集区、工业园区、商业中心、机场、交通枢纽及数据存储中心和医院等建设分布式能源；因地制宜发展中小型分布式中低温地热发电、沼气发电和生物质气化发电；工业企业可建设余热、余压、余气、瓦斯发电项目。

P3-2

新型储能技术应用

通过因地制宜发展电网侧的新型储能，提高电网的安全稳定运行水平，增强电网薄弱区域的供电保障能力和系统应急保障能力；发展用户侧的新型储能，提升用户灵活调节能力；对新型储能进行多元化推广应用，推动新型储能技术规模化发展，支撑构建市政基础设施新型电力系统。

P3-2-1 因地制宜发展电网侧新型储能

1. 提高电网安全稳定运行水平

在负荷密集接入、大规模新能源汇集、大容量直流馈入、调峰调频困难和电压支撑能力不足的关键电网节点，合理布局新型储能，充分发挥其调峰、调频、调压、事故备用、爬坡、黑启动等多种功能，作为提升系统抵御突发事件和故障后恢复能力的重要措施。

2. 增强电网薄弱区域供电保障能力

在供电能力不足的偏远地区，合理布局电网侧的新型储能或风光储电站，提高供电保障能力。在电网未覆盖地区，通过新型储能支撑太阳能、风能等可再生能源利用，满足当地用能需求。

3. 提升系统应急保障能力

针对政府、医院、数据中心等重要电力用户，在安全可靠的前提下，建设移动式或固定式新型储能作为应急备用电源，从而提升系统的应急供电保障能力。

P3-2-2 灵活多样发展用户侧新型储能

1. 支撑分布式供能系统建设

围绕大数据中心、5G基站、工业园区、公路服务区等终端用户，以及具备条件的农村用户，依托分布式新能源、微电网、增量配网等配置新型储能，提高用能质量，降低用能成本。

2. 提供定制化用能服务

针对工业、通信、金融、互联网等用电量大且对供电可靠性、电能质量要求高的用户，根据优化商业模式和系统运行模式需要，配置新型储能，支撑高品质用电，提高用能效率与效益。

3. 提升用户灵活调节能力

建设不间断电源、充换电设施等用户侧分散式储能设施，采用电动汽车、智慧用电设施等双向互动智能充放电技术，提升用户灵活调节能力和智能高效用电水平。

P3-2-3 新型储能多元化应用

1. 源网荷储一体化协同发展

通过优化整合本地电源侧、电网侧、用户侧资源，合理配置各类储能，探索不同技术路径和发展模式，进行源-网-荷-储的一体化项目内部联合调度。

2. 跨领域融合发展

结合国家新型基础设施建设，推动新型储能与智慧城市、乡村振兴、智慧交通等领域的跨界融合，拓展新型储能应用模式。

3. 多种储能形式应用

结合各地区资源条件，以及对不同形式能源需求，推动长时段电储能、氢储能、热（冷）储能等新型储能项目的建设，促进多种形式储能发展，支撑综合智慧能源系统建设。

P4

智能高效

P4-1

充电基础设施建设

> 通过对既有居民小区充电设施改造和新建小区充电设施建设，完善公共充换电设施的布局；通过构建充电智能服务平台，并与智慧城市平台对接，实现共用共享、互联互通；通过统一建设标准规范，创新充电运营模式，实现充电基础设施的高效使用。

P4-1-1 居民小区充电基础设施建设

1. 既有居民小区充电设施改造

对专用固定停车位（含一年及以上租赁期车位），按"一表一车位"模式进行配套供电设施增容改造，每个停车位配置适当容量电能表。对实施配电能力提升改造后电力容量仍不足的居民区，采用整体智能有序充电管理模式，引导电动汽车负荷低谷充电。停车位不足的小区，利用公共停车位建设相对集中的公共充电设施，开展机械式和立体式停车充电一体化设施建设与改造。

"一表一车位"模式

2. 新建居民小区充电设施建设

对于有固定停车位的用户，优先结合停车位建设

充电设施；对于无固定停车位的用户，鼓励开发商配建一定比例的公共充电车位，建立充电车位的分时共享机制，为用户充电创造条件。

P4-1-2 公共停车场充电基础设施建设

按照"先桩后车、适度超前，公用设施快充为主、慢充为辅，专用设施快慢并重"的原则，完善公共充换电设施的布局，加快既有公共建筑物配建停车场、社会公共停车场中充电基础设施的建设改造。新建大型公共建筑物配建停车场、社会公共停车场按不低于15%的车位比例建设充电基础设施。

P4-1-3 行业专用充电基础设施建设

对于公交、出租、环卫、物流、邮政快递、分时租赁、共享汽车等公共服务领域电动汽车，运营单位可自筹资金或与专业运营企业合作，优先在停车场站配建充换电设施，结合城市公共充电基础设施，实现高效互补，鼓励有条件的专用充电基础设施向社会公众开放。

P4-1-4 充电智能服务平台构建

通过智慧城市平台与地区充电基础设施公共服务管理平台对接，实现共用共享、互联互通，为电动汽车用户提供充电导航、状态查询、充电预约、费用结算等服务，实现配电网、充电桩、电动汽车及用户之间的信息交互，提升电动汽车用户良好的智能化、便捷化体验，为充电设施运营商、电动汽车用户提供优质、便捷的服务，实现APP集约化。

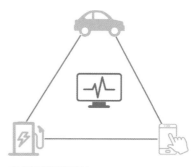

充电智能服务平台

P4-1-5 标准规范建设统一

按照"标准先行"的建设原则，严格执行国家出台的有关充电基础设施技术标准规范，并推行地区充电基础设施产品准入机制，制定修订充电基础设施设计规范和建设标准，实现各侧/端通信接口、支付接口、机构接入、设备接入、数据采集、消防安全以及信息安全等标准（协议）的统一。制定充电基础设施运营、管理和验收标准，规范充电基础设施的计量计费、标识体系、使用方法和验收程序等，实现充电基础设施的高效使用。

P4-1-6 充电运营模式创新

对加油、加气、加氢站与充换电站进行融合，进行混合站的建设与改造。利用市政道路停车位结合智慧灯杆（路灯＋5G基站＋充电桩）等方式建设分散式公共充电桩，与公共充换电站高效互补、有机结合构建完善的城市公共充电服务网络。发展"光储充"一体化充换电设施。

5G智慧灯杆

P4-2
电力系统智能管理

通过建设"互联网+"智慧能源系统，将发电、输配电、负荷、储能融入智能电网体系中，形成新型城镇多种能源综合协同、绿色低碳、智慧互动的供能模式；通过建设智能电网，构建强简有序、灵活可靠的城镇配电网架构，提升配电网多元化供电服务承载能力；加快电网的数字化，构建智能电网大数据平台，提升电力系统信息处理和智能决策的能力。

P4-2-1 "互联网+"智慧能源系统构建

将发电、输配电、负荷、储能融入智能电网体系中，实现智能化能源生产消费基础设施、多能协同综合能源网络建设、能源与信息通信基础设施深度融合，建立绿色能源灵活交易机制，形成新型城镇多种能源综合协同、绿色低碳、智慧互动的供能模式。

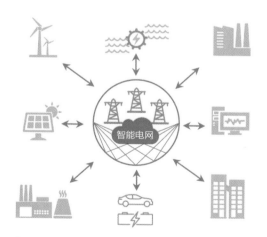

"互联网+"智慧能源系统

P4-2-2 智能电网建设

　　应用智能作业、智能监测、智能巡视等新技术，建设智能变电站，加快电网装备智能化；构建强简有序、灵活可靠的城镇配电网架构，加快配电自动化，实现配电网运行的集中控制和就地控制，提升配电网多元化供电服务承载能力；加快电网数字化，构建智能电网大数据平台，提升电力系统信息处理和智能决策能力。

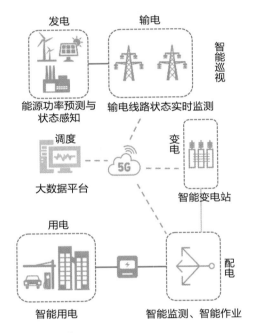

智能电网系统

图书在版编目（CIP）数据

绿色市政基础设施技术指南=GREEN MUNICIPAL INFRASTRUCTURE TECHNICAL GUIDELINES. 上册，市政供水／排水／环卫／土壤／燃气／热力／供电专业／中国建设科技集团编著；郑兴灿主编. — 北京：中国建筑工业出版社，2023.11
（新时代高质量发展绿色城乡建设技术丛书）
ISBN 978-7-112-29255-4

Ⅰ. ①绿… Ⅱ. ①中… ②郑… Ⅲ. ①市政工程—基础设施建设—无污染技术—指南 Ⅳ. ①TU99-62

中国国家版本馆CIP数据核字（2023）第184154号

责任编辑：何　楠　徐　冉
责任校对：芦欣甜

新时代高质量发展绿色城乡建设技术丛书
绿色市政基础设施技术指南
GREEN MUNICIPAL INFRASTRUCTURE TECHNICAL GUIDELINES
中国建设科技集团　编　著
郑兴灿　主　编
*
中国建筑工业出版社出版、发行（北京海淀三里河路9号）
各地新华书店、建筑书店经销
北京锋尚制版有限公司制版
天津图文方嘉印刷有限公司印刷
*
开本：787毫米×1092毫米　1/16　印张：25½　字数：732千字
2023年10月第一版　2023年10月第一次印刷
定价：**179.00**元（上、下册）
ISBN 978-7-112-29255-4
（41866）

版权所有　翻印必究
如有内容及印装质量问题，请联系本社读者服务中心退换
电话：（010）58337283　QQ：2885381756
（地址：北京海淀三里河路9号中国建筑工业出版社604室　邮政编码：100037）